建设新农村农产品标准化生产丛书

猪标准化生产技术

编著者
张长兴　杜　垒
靳双星　窦士树
冯现明

金盾出版社

内 容 提 要

猪的标准化生产是养猪业可持续发展的必由之路，是猪肉产品质量与安全的技术保证。本书内容包括：猪标准化生产的概念和意义、养猪品种与利用标准化、猪的繁殖标准化、猪的饲养标准化、猪的管理标准化、猪的疫病防治标准化和猪的产品标准化等7章，对猪的标准化生产技术作了较全面的介绍。全书技术先进实用，语言通俗易懂，适合广大养猪场(户)、养猪技术人员和管理人员学习使用，也可供农业院校师生阅读参考。

图书在版编目(CIP)数据

猪标准化生产技术/张长兴，杜垒等编著.—北京：金盾出版社，2006.12

(建设新农村农产品标准化生产丛书)

ISBN 978-7-5082-4156-2

Ⅰ.猪… Ⅱ.①张…②杜… Ⅲ.猪-饲养管理-标准化 Ⅳ.S828

中国版本图书馆 CIP 数据核字(2006)第 082253 号

金盾出版社出版、总发行

北京太平路5号(地铁万寿路站往南)

邮政编码：100036 电话：68214039 83219215

传真：68276683 网址：www.jdcbs.cn

封面印刷：北京百花彩印有限公司

正文印刷：北京天宇星印刷厂

装订：北京天宇星印刷厂

各地新华书店经销

开本：787×1092 1/32 印张：6.25 字数：140千字

2009年3月第1版第4次印刷

印数：37001—57000册 定价：9.00元

序　言

随着改革开放的不断深入，我国的农业生产和农村经济得到了迅速发展。农产品的不断丰富，不仅保障了人民生活水平持续提高对农产品的需求，也为农产品的出口创汇创造了条件。然而，在我国农业生产的发展进程中，亦未能避开一些发达国家曾经走过的弯路，即在农产品数量持续增长的同时，农产品的质量和安全相对被忽略，使之成为制约农业生产持续发展的突出问题。因此，必须建立农产品标准化体系，并通过示范加以推广。

农产品标准化体系的建立、示范、推广和实施，是农业结构战略性调整的一项基础工作。实施农产品标准化生产，是农产品质量与安全的技术保证，是节约农业资源、减少农业面源污染的有效途径，是品牌农业和农业产业化发展的必然要求，也是农产品国际贸易和农业国际技术合作的基础。因此，也是我国农业可持续发展和农民增产增收的必由之路。

为了配合农产品标准化体系的建立和推广，促进社会主义新农村建设的健康发展，金盾出版社邀请农业生产和农业科技战线上的众多专家、学者，组编出版了《建设新农村农产品标准化生产丛书》。"丛书"技术涵盖面广，涉及粮、棉、油、肉、奶、蛋、果品、蔬菜、食用菌等农产品的标准化生产技术；内容表述深入浅出，语言通俗易懂，以便于广大农民也能阅读和使用；在编排上把农产品标准化生产与社会主义新农村建设巧妙地结合起来，以利农产品标准化生产技术在广大农村和广大农民群众中生根、开花、结果。

我相信该套"丛书"的出版发行，必将对农产品标准化生产技术的推广和社会主义新农村建设的健康发展发挥积极的指导作用。

王连铮

2006 年 9 月 25 日

注：王连铮教授是我国著名农业专家，曾任农业部常务副部长、中国农业科学院院长、中国科学技术协会副主席、中国农学会副会长、中国作物学会理事长等职。

前　言

我国是养猪业出现最早的国家，也是生猪存栏量和猪肉生产量最大的国家。猪肉在我国人民的饮食文化中占有十分重要的地位，占肉类消费量的65%左右，我国人均猪肉消费量为38千克左右，居世界第一位。

养猪业在我国畜牧业中占有十分重要的地位，产值占畜牧业总产值1/3左右。养猪历来是我国农民的重要收入来源。随着人们饮食结构的改变和更多的人对健康的重视，养猪生产已经从过去的以饲养肉脂兼用型猪为主，逐步改变为饲养瘦肉型猪。而我国饲养的瘦肉型猪基本上来自引进品种。品种、类型的改变，要求饲养者必须从猪场建设、饲料营养、疾病防治、饲养管理等方面适应新的生产要求。但传统的生产模式、思想意识对养猪者的影响，制约着养猪生产水平和经济效益的提高。专家估计，我国大部分养猪户实际盈利额只有正常盈利额的60%。很多养猪户不熟悉市场规律，行情的波动和疾病的流行常使养猪户蒙受巨大的经济损失。而我国加入世界贸易组织后，我国的市场运作方式也逐步与国际接轨。而盲目无序的生产，既不利于疫病的控制，又不利于畜产品的安全性。因此，一些地区已经开始实行生猪市场准入制度，以确保畜产品的安全性。

标准化养殖有利于规范养殖过程，保证产品质量和畜产品的安全性。既是今后养殖户畜产品能否进入市场的必要条件，又有利于减少养殖户操作的随意性和盲目性，确保养殖可靠的效益。基于以上原因，我们编著了这部著作，希望能对养猪场和养猪户有所帮助。同时，也必须看到，猪的标准化生产还处于探索阶段。因此，也希望与业内同仁及广大养殖场、户共同探讨，广泛交流。

编著者

2006年8月

目　录

第一章　猪标准化生产的概念和意义

一、猪标准化生产的概念

在畜牧生产上,关于畜禽标准化生产的定义有不同的理解和表述,笔者认为畜禽标准化生产是指在畜禽的生产经营活动中以市场为导向,依据国际或国家的相关法律法规,建立健全规范的工艺流程和衡量标准。

生猪生产具有生产环节多、产品市场需求量大、从业人员多、从业门槛相对较低的特点,要保证产品的安全性和标准化,必须对生产各环节进行全方位的监控。生产的各个环节必须有严格的质量控制标准,并在生产中切实地执行。

猪生产标准化大体可从以下几个方面着手。

其一,品种和杂交利用标准化。主要强调使用的品种良种化,商品代杂交化,以确保商品猪具有优良的品质和生产性能。

其二,繁殖标准化。依据品种的繁殖性能,制定猪繁殖水平的相关指标,应用现代繁殖技术和饲养管理技术,以充分发挥种猪的繁殖潜能。

其三,饲养标准化。从饲料原料生产及采购、配方设计、饲料加工、仓贮、运输、饲喂及饮水等环节进行监控。所使用的饲料产品必须符合国家卫生标准,营养标准应参考最新国家标准。根据不同阶段及生产性能水平,制定相适应的饲喂程序。

其四，管理标准化。在了解猪的生物学特性及对环境的要求的基础上，建设符合标准化生产要求的猪舍，根据猪各生长阶段和种猪生理阶段的特点进行管理和环境控制，以确保猪的健康生长和繁殖。

其五，疫病控制标准化。建立严格的兽医卫生防控制度，执行日常健康检查、消毒和疾病治疗，重点控制对生猪健康危害大的疫病，严格控制人、兽共患病。在治疗和预防性用药方面，执行国家无公害生猪生产用药标准。

其六，产品标准化。养猪生产的产品必须符合国家相关的质量标准和卫生标准，严禁使用盐酸克伦特罗、孕激素、雌激素及其类似物，严格剔除国家重点控制的病猪。

二、猪标准化生产的意义

标准化是组织现代化生产的手段，标准化水平是衡量一个国家或地区的生产技术和科学管理的重要尺度，是表明现代化程度的重要标志。对养猪生产来说，实行标准化生产对提高生猪产品的竞争力，提高农民的经济收入有着重要的意义。

(一)促进生产规范化，减少盲目性和随意性，提高养殖效益

我国的生猪存栏量和猪肉生产量居世界第一位，近几年规模化生产的比重增长很快，但中小规模仍占有较大的比例。受传统粗放养殖观念的影响，养猪生产者在养殖方式和饲养管理上存在着相当大的随意性，每个养殖阶段的目标不清晰，导致生产管理上盲目性较大。即使一些有规模的养猪场也很

大程度地存在这些问题。标准化饲养要求对养殖各阶段制定相应指标,并制定实现这些指标的工作程序,有利于减少生产过程的随意性和盲目性,使生产经营活动更加规范化。

据估计,我国中小型猪场的经济效益只有正常水平的60%左右,其主要原因是不能进行科学规范的生产,随意性大,增加了很多隐性成本。科学规范的生产方法,有利于使生产保持在较高水平,创造高而稳定的经济效益。

(二)提高产品的安全性

标准化生产规定了养殖各阶段疫病防控的具体措施,对所使用的饲料中的添加剂、治疗和防病药物做出相应规定,对危害性大的疾病确定控制和净化的方案。有利于保证猪肉产品的安全性,为我国生猪及猪肉产品出口创造更加有利的条件,增强国产猪肉的国际竞争力。

食品安全历来是人类生活安全的头等大事,而动物性食品的安全性则更是人民生活关注的焦点。由于不能很好地控制疫病和饲料中的有毒成分,近10几年来世界各地先后发生了多次的食品安全事件,如欧洲的疯牛病事件、日本的二恶英事件,其波及面积之大,民众反应之强烈,足以说明食品安全已经成为一种影响社会公共安全的大问题。我国的食品安全不容乐观,尤其是在饲料中添加盐酸克伦特罗(即瘦肉精)生产出来的“毒猪肉”已经造成了多起中毒事件。自2001年我国加入世界贸易组织以来,在国际贸易中,我国的多种畜产品刚刚进入市场不久就被许多国家封关。目前我国只有极少的畜产品能够出口,生猪和猪肉产品出口还达不到生猪总产量的0.5%。除了长期存在的贸易歧视外,我国畜产品的生产流程、用药及疫病控制缺乏规范也是一个重要原因。目前全球有机食品以每年10%～20%的速度增长，无公害食品早已成为食品进入市场的基本条件，而且欧美一直在提高食品市场准入的门槛。除畜产品出口企业外，由于我国大批的畜产品在生产、管理、加工、销售等多个环节存在监控不到位，导致无公害畜产品还只是我国大众消费的奢侈品。如果我们不能及时改变这种现状，我国畜产品将会离国际市场的基本要求越来越远。而随着我国人民食品安全意识的不断提高，如果不能及时有效地进行食品安全监控，则可能失去民众对国产食品的信任，而使许多人转而消费进口食品，而这绝不是危言耸听。

要确保畜产品的安全性，一方面要提高畜产品生产从业人员的自觉性、责任感和行业荣誉感；另一方面，必须给从业人员提供各阶段生产的基本目标和可操作的生产程序，让从业人员熟悉怎样进行安全食品的生产。当然，各级食品安全管理部门必须进一步加强对生产、加工和销售环节的监督管理，以促进各环节进行安全有效的生产。

（三）有效提高畜产品生产的商品率

产品规格化是现代商品生产的一个重要特点。猪标准化生产应根据市场需要，制定合理的生产管理程序，对各个阶段的生产环节进行量化管理，提高生猪的整齐度，从而保证在规定的时间内生产出合格的产品，减少残次品，有效提高养猪生产的商品率。

第二章　养猪品种与利用标准化

养猪品种与利用标准化的核心是纯种品种良种化和商品代良种杂交化。根据市场需求，选择世界上最优秀的品种进行合理的纯种繁育和杂交利用，有利于在商品代综合多品种优良性状，表现良好的适应性、快速生长和较高的整齐度，从而实现产品生产的优质高效。

在现代养猪生产中，主要是通过优良瘦肉型品种进行杂交利用，来生产商品瘦肉型猪，以满足市场的需求。瘦肉型猪要求中躯较长，体长大于胸围 15 厘米以上，背线与腹线平直，头颈部轻且肉少，前后肢间距宽，躯干较深，腹部容积较大而不向两侧突出。背膘薄，厚度小于 35 毫米，腿臀丰满。胴体瘦肉率高于 56%。同时，母本品种要求不仅有较高的产肉率，也要求有良好的繁殖性能。

一、猪的品种

（一）引进瘦肉型品种

目前，在国际上分布广而且影响较大的只有 10 多个品种，其中又以长白、约克夏、汉普夏、杜洛克、皮特兰等品种较为突出。养猪发达的国家主要是通过优良品种间的杂交，利用后代的杂种优势来提高猪群生产性能；一些国家的育种公司还培育了专门化品系，利用多品系配套杂交，结合先进的生产工艺和科学饲养技术进行商品猪生产，体现了猪育种和商品生产科技进步的发展阶段和发展方向。当今世界上选择使用的品种,从强调生长肥育性和胴体品质好的父本品种来看,主要有杜洛克猪、汉普夏猪、皮特兰猪。从强调繁殖性能、哺乳能力、适应性或耐粗饲能力来看,优良的母本品种有大白猪、长白猪、威尔斯特猪和切斯特白猪等。

我国自 20 世纪末开始大量引入国外猪种,这些猪种有的在我国经长期纯种繁育与风土驯化,在外形和生产性能上发生了一些变化,成为我国猪种资源的一部分;有的不适应自然条件及不断变化的市场需要,逐步被淘汰。目前我国商品猪杂交繁殖体系,是杜(洛克)、长(白)、大(约克夏)三元杂交繁殖体系。

1. 大约克夏猪

大约克夏猪也称大白猪。原产于英国,是世界上著名的瘦肉型品种,现在世界上分布很广,是世界上存栏纯种母猪数量最多的品种。大白猪具有适应性强、繁殖力高、生长速度快、体质结实、瘦肉率高等优良性状。在我国饲养历史悠久。我国引入的有英系、丹系、美系、加系、台系等。本品种是生产瘦肉型商品猪的优良亲本,可用作父系或母系品种。在杜长大三元杂交繁育体系中作为母本与长白公猪杂交生产二元杂交母猪(父母代母本)。

(1)体型外貌标准　皮毛白色,耳中等大且直立,嘴稍长略凹,背腰平直或微弓,腹线平直,四肢较高,肢蹄健壮,腿臀发育良好,体质结实,乳头 6 对以上,排列整齐。成年体重:公猪 300～400 千克,母猪 250～300 千克。

(2)生产性能指标

①繁殖性能　母猪窝产活仔数初产 9 头以上,经产 10 头

以上,21 日龄断奶头数初产 8 头以上,经产 9 头以上,断奶窝重 50～60 千克。

②生长性能　后备公猪达 90 千克体重日龄 180 天以下,新美系大约克夏优秀公猪 100 千克体重日龄在 130 天以下。后备母猪达 90 千克体重日龄 185 天以下。公猪日增重(30～90 千克)700 克以上,母猪 650 克以上,活体膘厚(三点平均)公猪 22 毫米以下,母猪 23 毫米以下,饲料利用率(体重 30～90 千克)3.2∶1(耗料∶增重)以下。

③胴体品质　90 千克屠宰,瘦肉率 61%以上,胴体平均膘厚 22 毫米以下,眼肌面积 35 平方厘米以上。

2. 长白猪

长白猪原名兰德瑞斯猪,原产于丹麦,是世界上著名的优秀品种之一,分布十分广泛。由于其外形美观,很受我国养猪者的欢迎。本品种属瘦肉型品种,胴体瘦肉率高,生长快,繁殖性能良好,适应能力一般。我国引入的有丹系、英系、美系、加系、德系、法系。是生产瘦肉型猪的优良亲本,可用作父系或母系品种。在杜长大三元杂交繁育体系中,主要用作父本与纯种大白母猪杂交生产二元杂交母猪。另外,作为父本对改进我国地方品种的产肉性能和母本体型方面效果也十分显著。

(1)体型外貌标准　全身皮、毛白色。耳大较直而长并向前倾,头和颈较轻,嘴长较直,体躯长,背线平直稍呈弓形,臀部肌肉丰满,腹线平直,乳头数 6 对以上,排列整齐。成年体重:公猪 350～400 千克,母猪 250～300 千克。

(2)生产性能指标

①繁殖性能　母猪窝产活仔数初产 9 头以上,经产 10 头

以上，21日龄断奶头数初产8头以上，经产9头以上，断奶窝重50～60千克。

②生长性能　后备公猪达90千克体重日龄180天以下，后备母猪达90千克体重日龄185天以下，优秀公猪100千克体重日龄在130天以下。公猪日增重(30～90千克)700克以上，母猪650克以上，活体膘厚(三点平均)公猪20毫米以下，母猪21毫米以下，饲料利用率(30～90千克)3.1∶1以下。

③胴体品质　90千克屠宰，瘦肉率63%以上，胴体平均膘厚20毫米以下，眼肌面积35平方厘米以上。

3. 杜洛克猪

杜洛克猪原产于美国。该品种体质结实，适应性强，容易饲养，生长速度快，瘦肉率高，杂交利用效果明显。是世界上应用最广泛的终端父本品种，我国引进该品种比较早，目前引进的有美系、匈牙利系、加系、丹系、英系、台系等。在杜长大三元杂交繁育体系中作终端父本，与长大或大长二元母猪杂交生产杜长大三元杂交猪。

(1)体型外貌标准　全身皮毛深浅不一，由金黄色至棕红色，甚至有灰黑色，但以棕红色最为典型。全身无任何白斑或白毛，而皮肤有的出现黑色斑点，但大块黑斑或黑毛是不允许的。耳中等大，略向前倾，从耳中部开始下垂，称为半垂耳；背呈弓形，腹线平直，腿臀肌肉丰满，四肢粗壮结实，蹄甲黑色，性情温驯，乳头数6对以上，排列整齐。成年体重：公猪300～420千克，母猪250～370千克。

(2)生产性能指标

①繁殖性能　母猪窝产活仔数初产7头以上，经产8头以上，21日龄断奶头数初产6头以上，经产7头以上，断奶窝

重35～45千克。

②生长性能　后备公猪达90千克体重日龄175天以下，后备母猪达90千克体重日龄180天以下日龄，优秀公猪100千克体重在140天以下。公猪日增重(30～90千克)700克以上。活体膘厚(三点平均)公猪20毫米以下，母猪21毫米以下，饲料利用率(30～90千克)3.1∶1以下。

③胴体品质　90千克屠宰，瘦肉率63%以上，胴体平均膘厚20毫米以下，眼肌面积35平方厘米以上，肌肉颜色呈正常鲜红色。

4. 汉普夏猪

汉普夏猪育成于美国，是世界著名瘦肉型品种之一，目前在美国，饲养数量仅次于杜洛克猪，在终端父本品种中占第二位，但在我国各地饲养数量较少。主要用作终端父本或终端父本的父本。

(1)外貌体型标准　体型大，耳中等大小且直立，嘴较长而直，体躯较长，四肢稍短而健壮，背腰微弓，后躯肌肉丰满。汉普夏猪的毛色特征突出，即在肩颈结合部有一白带(包括肩和前肢)其余均为黑色，故有"银带猪"之称。正常乳头6对以上，排列良好。

(2)生产性能指标　本品种瘦肉率高，生长速度较快。母猪头胎窝产仔7.8头，育成6.13头；三胎产仔9.49头，育成7.3头。

5. 皮特兰猪

皮特兰猪原产于比利时。是欧洲较为流行的一个瘦肉型品种。近10年该品种在我国一些省份应用也较多，主要用作终端父本或与杜洛克母猪杂交生产皮杜二元杂交公猪用以作终端父本。

(1)体型外貌标准　被毛呈大块黑白花、灰白花斑且夹有红毛,耳中等大小且微向前倾,体躯较短,背幅宽,最大的特点是眼肌面积大,后腿丰满。瘦肉率是目前引入品种中最高的。

(2)生产性能　经产母猪窝产仔9头左右,生长发育和饲料利用率相对于其他有色品种猪较低。但该品种背膘薄,胴体瘦肉率很高,为其他品种所不及,并能显著提高杂交后代的胴体瘦肉率。其缺点是生长缓慢,尤其是体重90千克以后显著减慢。肉质不佳,肌肉纤维较粗,氟烷测验阳性率(HP)高达88%。

(二)我国地方品种

我国猪种资源丰富,地方猪种有很多优良种质特性,其中最主要的是繁殖力高、肉质好、抗逆性强。现主要介绍以下几个猪品种。

1. 民　猪

民猪原产于东北和华北地区。皮毛黑色。民猪有大、中、小三个类型,现以中型居多。东北三省利用民猪分别与约克夏、巴克夏、苏白、克米洛夫和长白猪杂交,培育成哈白猪、新金猪、东北花猪和三江白猪。这些新品种大都保留了民猪的抗寒性强、繁殖力高和肉质好的特点。

2. 太 湖 猪

太湖猪主要分布于我国长江中下游、江苏省和上海市交界的太湖流域,西至茅山山脉,东临东海,南过杭州湾,北至长江北岸高沙土地区的边缘。皮毛为黑色或青灰色。按体型外貌和性能上的某些差异及母猪繁殖中心等，太湖猪又分为若干地方类型，即二花脸、梅山、枫泾、嘉兴黑、沙头乌等，1974年上述类型归并统称为太湖猪。

太湖猪是全世界已知猪种中产仔数最高的。最高纪录(二花脸)1胎产42头仔猪，其中产活仔40头，初生窝重29.6千克。20世纪80年代以来，引进太湖猪的国家开展了太湖猪杂交利用的研究。法国有关专家认为，法国引进太湖猪在产仔数方面可以加快其育种步伐20年。

3. 金华猪

金华猪产于浙江省金华地区的义乌、东阳和金华，近年来已推广到全省20多个县、市和省外部分地区。被毛白色，头、臀为黑色呈两头乌毛色特征，体型不大，背微凹，腹圆而微下垂，臀较倾斜，乳头8对左右，10月龄肥育猪胴体的瘦肉率为34.71%，肉质细嫩，膘不过厚。

4. 荣昌猪

荣昌猪主要产于重庆市荣昌县、四川省隆昌县，分布在四川省和重庆市的许多县、市。荣昌猪体型较大，除两眼四周或头部有大小不等的黑斑外，其余均为白色，是我国地方猪种当中少有的白色猪种之一。鬃毛洁白、刚韧，品质良好，享誉国内外。猪鬃平均长13.44厘米，1头猪能产上等鬃毛250～300克，净毛率90%。生长肥育性能较好，在正常情况下，肥育期平均日增重623克。屠宰适期以7～8月龄、体重80千克左右为宜，平均膘厚37毫米，胴体瘦肉率在地方猪种中相对较高，达到42%～46%。

用中约克夏猪、巴克夏猪、长白猪作父本与荣昌猪杂交，一代杂种猪均有一定杂种优势，其中以长×荣的配合力较好。用汉普夏、杜洛克与荣昌猪进行杂交，一代杂种猪瘦肉率可达54％。

5. 内 江 猪

内江猪原产于四川省内江地区，分布于长江流域中游。内江猪被毛全黑，鬃毛粗长，皮厚，背宽微凹，腹部较大，臀部宽稍后倾，四肢粗短，乳头多在7对左右。

内江猪对外界刺激反应迟钝，对环境有很强的适应性，对不良饲养条件的耐受力也较强。

(三)我国培育品种

我国育种工作者利用我国原有地方猪种资源，引进外来优秀品种杂交，培育了一些具有良好生产性能又适应我国气候的瘦肉型品种，我国自己培育的品种大多是母本品种。

1. 北京黑猪

北京黑猪产于北京市双桥农场和北郊农场。主要分布在北京市朝阳区、海淀区、昌平区、顺义区、通州区等京郊各区、县。并推广于河北、河南、山西等省。

北京黑猪主要是在北京用本地黑猪和引入巴克夏猪、中约克夏猪、苏联大白猪、高加索猪进行杂交后选育而成。其全身被毛黑色，中等体型，体质结实，结构匀称。头大小适中，两耳向前上方直立或平伸，面部微凹，额较宽，颈肩结合良好，背腰较平直且宽，腿臀较丰满，四肢健壮。乳头多为7对。初产母猪平均窝产仔数10头，经产母猪平均窝产仔数11.52头，平均日增重为609克。

2. 三江白猪

三江白猪是黑龙江省1983年育成的肉用型品种。其被毛全白,毛丛稍密,头轻嘴直,两耳下垂或稍前倾。背腰平直,腿臀丰满。四肢粗壮,蹄质坚实。乳头7对,排列整齐。

三江白猪继承了民猪在繁殖性能上的优点,该品种性成熟早,发情明显,产仔数较多,经产母猪产仔12.3头。肥育期平均日增重600克以上,饲料利用率3.5以下。活重90千克时屠宰,胴体瘦肉率57.86%,背膘厚34.4毫米。肉质良好,大理石纹丰富且分布均匀。对寒冷气候和高温、高湿气候均有较强的适应能力;在舍内温度保持19℃~21℃,相对湿度80%的条件下,20~90千克肥育猪平均日增重达663克,饲料利用率3.0∶1。

3. 哈白猪

哈尔滨白猪简称哈白猪,产于黑龙江省南部和中部地区。广泛分布于滨州、滨涹、滨北、牡丹江和佳木斯等铁路沿线。

哈白猪是由不同类型约克夏猪与东北民猪杂交选育而成的。一般饲养条件下,头胎窝产仔10~12头。公猪在10月龄体重120千克左右时配种。哈白猪成年公猪、母猪体重分别能达到222千克和176千克。平均窝产仔11.3头。体重14.95~120.6千克阶段,平均日增重587克。

4. 新荣昌猪Ⅰ系

新荣昌猪Ⅰ系主要产于重庆市的荣昌县。是以荣昌猪为基础新培育的母系品系猪。新荣昌猪Ⅰ系成年体重,公猪230

千克，母猪175千克，初产母猪平均产仔数10头，经产母猪平均产仔数12头。新荣昌猪Ⅰ系肥育猪在较高营养条件下，平均日增重可达740克，在中等营养条件下，日增重达698克。

5. 湖北白猪

湖北白猪产于湖北武昌地区，主要分布于华中地区。它是通过大约克夏猪、长白猪与本地猪杂交，采用群体继代选育法闭锁繁育育成的，为我国新培育的瘦肉型猪种之一。

湖北白猪除个别猪眼角、尾根有少许暗斑外，其余全身被毛白色。头较轻，大小适中，鼻直稍长，耳向前倾或下垂，背腰平直，中躯较长，腿臀较丰满，肢蹄较为结实。母猪有效乳头6对以上，湖北白猪成年体重，公猪230千克，母猪200千克，初产母猪平均产仔数为10.5头，经产母猪平均产仔数为12.5头。湖北白猪肥育到180日龄，体重可达90千克左右，日增重620克左右。湖北白猪繁殖力强，瘦肉率高，肉质好，生长发育快，能耐受高温、湿冷气候条件，是开展杂交利用的优秀母本品种。

二、猪的杂交生产

(一)杂交生产的意义与目的

在猪的杂交生产中常采用经济杂交。猪的经济杂交属于生产性杂交，是根据当地现时的经济条件(主要是饲养条件)和市场对肉质的需求和原地方品种的品质来选择相应的品种进行杂交，而获得生活力强和生产性能高的商品肉猪的一种杂交繁育方法。所产生的杂种猪比双亲适应性强，耐粗饲，饲料利用率高。所以,杂种后代比它的双亲生长快,省饲料。

经济杂交的目标要求是:父母代母猪要求适应性强、繁殖力强,繁殖疾病少;公猪要求生精力强,肉用性能和肥育性能高,并且这些优良性状能够很好地遗传给后代。商品代应符合市场要求,对饲养管理要求相对粗放,适应性强,易饲养。但在实际生产中,能够十分准确地预见杂交的结果并不容易,所以采用已经经过测定并推广的杂交模式十分重要,不可随意地安排杂交组合。

(二)杂交繁育体系

在一定区域内,要规范地稳定持久地开展杂种优势利用,提高养猪生产水平,必须建立猪的杂交繁育体系,这是现代化养猪生产中的主要组成部分。

猪的杂交繁育体系可分为两级繁育体系和三级繁育体系。在一般情况下,如搞两品种简单杂交或轮回杂交,可建立两级繁育体系。如搞三品种杂交,可建立三级繁育体系,即是将纯种(系)的改良、良种的扩大繁殖和商品猪的生产有机结合起来形成的一套体系。繁育体系健全与否和完善程度,已成为现代化养猪集约化水平的重要标志。发达国家养猪业和新兴的猪育种公司,都把建设完整的繁育体系视为均衡、优质和高效生产商品肉猪的组织保证。

1. 杜长大三元杂交繁育体系

三元杂交是先用两个品种杂交,产生在繁殖性能方面有显著杂种优势的杂种母猪,再用第三个品种作父本与杂种一代母猪进行杂交,产生后代全部作为商品猪。生产杜长大三元杂交是我国商品猪的主要杂交模式。这是一种以杜洛克猪为终端父本，以长白猪和大白猪的杂种一代为母本的三元杂交方式，它充分利用了3个品种之间在生产性能、胴体质量和生活力上的杂种优势和杂种母猪在繁殖性能上的杂种优势。杂种后代生长快、饲料利用率高、瘦肉率高、肉色好，市场竞争力强。在中小型猪场中，只需要购进杜洛克纯种猪和长大二元杂种母猪就可以开展生产。大型猪场、原种猪场则需要进行纯种杜洛克、长白猪、大白猪的繁育，并组织长大、大长二元杂交，以满足本场及中小型猪场对二元母猪和纯种杜洛克的需要。杜长大三元杂交模式如图2-1所示。

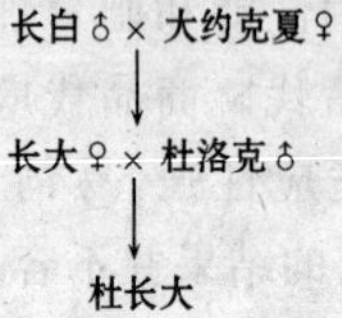

长白♂ × 大约克夏♀
↓
长大♀ × 杜洛克♂
↓
杜长大

图2-1　杜长大三元杂交模式图

2. 迪卡配套系

1991年我国农业部决定从美国迪卡公司为北京养猪育种中心引进400余头迪卡配套系，其中原种猪有A、B、C、E、F等5个专门化品系，其祖代、父母代配套繁育体系模式如图2-2所示。

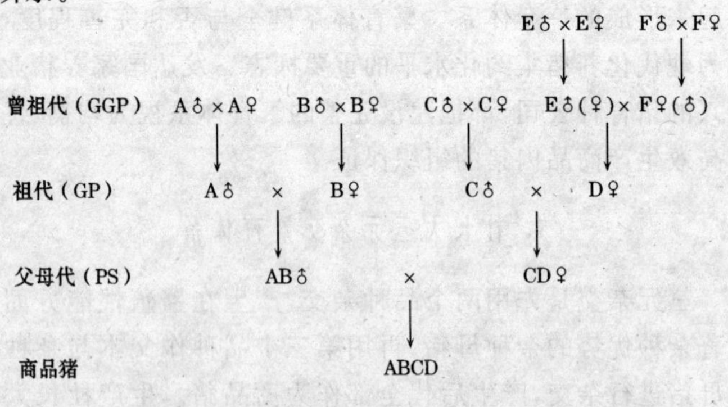

图2-2　迪卡配套系繁育体系模式图

上述模式中，A、B、C、E、F 这 5 个专门化品系为曾祖代，A、B、C 及 E 和 F 正反交生产 D 系为祖代；A 公猪和 B 母猪生产 AB 公猪，C 公猪和 D 母猪生产 CD 母猪为父母代种猪，最后 AB 公猪和 CD 母猪杂交生产 ABCD 商品猪。迪卡猪具有生长速度快，耐粗饲和适应性强等特点，在全国各地推广效果良好。

3. 斯格配套系

斯格配套系，是由比利时长白、英系长白、荷系长白、法系长白、德系长白及丹麦长白猪育成。根据原产地介绍，斯格猪是同一品种的不同品系间交配所育成的品系杂优种，其父系是比利时长白猪，母系是丹麦、德国、荷兰等长白猪，商品群是用父系的公猪和母系的母猪杂交而成。斯格商品猪的胴体瘦肉率高达 63%～65%。该种猪于 1981 年开始从比利时引入中国的深圳，饲养于光明合营猪场。

斯格猪的外貌特征与长白猪极为相似，毛色全白，耳长大，前倾，头肩较轻，体躯较长，后腿和臀部肌肉十分发达，四肢比长白猪粗短，嘴筒也不像长白猪那样长。父系种猪背呈双脊，后躯及臀部肌肉特别丰满，呈圆球状。种猪性情温驯。斯格猪生长迅速，4 周龄断奶重 6.5 千克，6 周龄 10.8 千克，10 周龄体重达 27 千克，170～180 日龄体重可达 90～100 千克，肥育期日增重 607 克。初生至上市体重 100 千克，饲料报酬为 3∶1～2.85∶1。初产母猪产活仔数平均 8.7 头，初生体重平均 1.34 千克。经产母猪产仔数 10.2 头，仔猪存活率达 90%，胴体性状极佳，屠宰率 77.22%，背膘厚 23 毫米，皮厚 2.1 毫米，后腿比例 33.22%，花板油比例 3.05%，瘦肉率 60%以上。

斯格猪由于胴体瘦肉率高，很受养猪场的欢迎。目前我国湖北、福建、贵州、江苏、北京、广西等省、市、自治区皆有饲养。斯格猪引入初期，肌肉特别发达的父系猪较易发生应激综合征，经选育和风土驯化近年已有很大改善。

三、自繁自养型母猪的生产

我国虽然是一个养猪大国，但种猪生产与管理仍不十分规范，种猪质量也相差较大，小型养猪场因缺乏系统的选种知识及可靠的种猪信息，常常不能买到真正的良种母猪。下面介绍一种自繁自养种母猪的方法，即轮回杂交生产种母猪的方法，供养猪生产者参考。

轮回杂交亦称为连续杂交，包括两品种、三品种、多品种轮回杂交。所谓两品种轮回杂交，就是指先选用两个不同品种猪分别作为杂交的父母本进行杂交，然后从杂种一代母猪中选留优秀个体，逐代分别与两个亲本品种的公猪进行杂交，如此轮番杂交。只需要饲养两个品种的少量公猪就可以使杂种优势不断保持下去，又可以利用杂种母猪，饲养杂种母猪要比饲养纯种母猪更为经济，从而不断保持子代的杂种优势。对于三品种轮回杂交来说，是指参加杂交的三个品种都作为父本，第一个品种先与一个母本品种杂交，之后杂种一代母猪与第二个父本品种杂交，生产的杂种二代母猪再与第三个父本品种杂交，以上称为一个轮回，如此轮番杂交，部分杂种母猪用作母本继续繁殖，杂种公猪和部分杂种母猪供商品用的杂交方式。这种杂交方式具有多代利用杂种母猪、遗传基础丰富、杂种性能更加优越等优点。但是这种杂交方式所用品种较多，造成公猪繁殖等待时间过长，其成本也就较高，这对于大多数猪场来说，应用就很有限。但如果采用从大型育种场购买精液进行人工授精生产种母猪的方式，不仅成本低，而且有更大的选择范围。

（一）轮回杂交生产种母猪的模式

1. 以长大二元母猪为基础，进行二至三品种轮回杂交 在从种猪场引进的二元种母猪中选择经过1～2胎检验（第一至第二胎均用杜洛克配种）最优秀的母猪，入选母猪占母猪总数的15%。被选母猪的检验项目包括：窝产仔数（10～13头）、存活率（大于90%）、断奶窝重、仔猪体型、健康状况等。将这些母猪与大白和长白或斯格轮回杂交。长大母猪与大白公猪杂交生产的小猪，可选择发育良好的小母猪留作后备母猪，其他小母猪及全部的小公猪均用于生产商品猪。被留作种用的小母猪头一胎与杜洛克公猪杂交生产商品猪，如果头胎产仔数较少，则第二胎仍用杜洛克公猪配种。这些经过检验的 F_1 代母猪头胎一般情况下仍与杜洛克公猪杂交生产商品猪，其中在第一胎或第二胎表现优秀的占母猪群15%的母猪第二或第三胎以后再与长白公猪杂交，生产 F_2 代，依此类推。

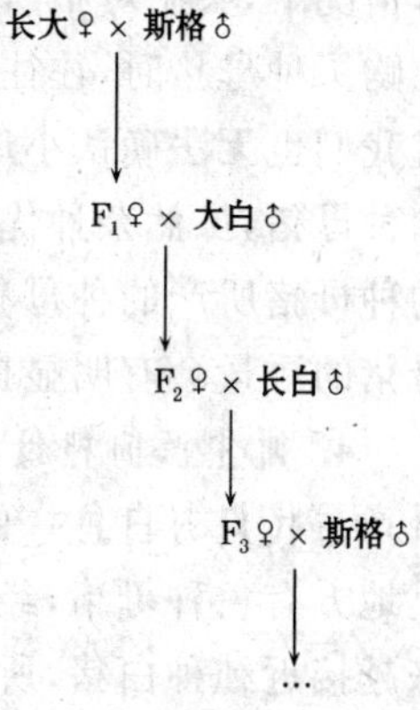

长大♀ × 斯格♂

↓

F_1♀ × 大白♂

↓

F_2♀ × 长白♂

↓

F_3♀ × 斯格♂

↓

…

图2-3 长白、大白、斯格三品种轮回杂交模式图

图2-3为以长大母猪作基础，用大白、长白、斯格三个品种为父本，轮回杂交模式。

2. 以本地母猪为基础的轮回杂交 本地猪适应性强，但肉用性能和肥育性能均不如引进的良种猪，可以选用经过1～2胎检验，产仔数及其他指标均理想的母猪与长白、大白轮回杂交生产种母猪。方法同上。

(二)轮回杂交生产种母猪的优点

1. 母本来自本场，生产成本低 购买种母猪的费用是比较高的，而轮回杂交生产种母猪实现了猪场母猪的自繁自养，大大降低了生产成本。

2. 减小了引种引入疾病的风险 当前因引种造成的疾病传播并不少见，而自繁自养是减少疾病引入的最好方法。

3. 所有的种母猪均来自经产一胎以上的优秀母猪 通常情况下，头胎母猪所产的小母猪不能留作种母猪。但我们在购买种母猪时，往往无法确认其是不是头胎母猪所产的，而且我们也无法确认小母猪的母亲是否优秀。而自繁自养生产的种母猪，虽然杂种优势不及二元杂交的种母猪，但却是最好的种母猪所产的种母猪。所以经过若干代的选择，猪场的种母猪的质量会有明显提高。

4. 所生产的种母猪与杜洛克公猪或其他有色品种杂交，所产后代均为白色 由于小母猪的父本均系白色品种，即使是地方有色种母猪，经过多代轮回杂交，猪群的白色毛血统越来越接近纯种白猪，所以即使是与有色品种公猪杂交一般不会产生有色毛后代。

(三)轮回杂交生产种母猪存在的问题及解决办法

由于种母猪生产和商品猪生产相比，生产量小，专门购买2～3个品种的白色种公猪，利用率低，造成浪费。解决的办法是购入种公猪鲜精液进行人工授精。目前许多种猪场都采用了人工授精,这样就使良种猪场的种公猪对外配种成为可能,不少种猪场都向场外销售精液。可以考虑对准备用白色种公猪配种的母猪进行同期发情,以便一次购买的鲜精液,可以有更多的母猪配种,减少购入精液的麻烦。方法是将产后28～35天的母猪在同一天断奶,这样同期发情处理的母猪群可在断奶后5～7天发情和配种。一次购入的精液可保存3～5天。

虽然,轮回杂交后代的杂种优势不及二元杂交。但由于总是选择优秀的种母猪生产小母猪,所以杂交后代的质量并不比二元母猪差。

四、种猪的选择

优良品种是高效养猪的前提条件,其优良特性的保持和提高,需要通过选种和纯种繁育来实现。种猪的质量直接影响整个猪群的生产水平,所以必须重视种猪的选择。作为种猪,要求体质强健,性别特征明显,具有种用价值;不胖不瘦,八成膘情;无任何遗传疾患;公、母猪的条件要求略有不同。同时,还要不断淘汰不符合种用要求的种猪。

(一)公猪的选择及淘汰标准

1. 公猪的选择 包括后备公猪和种公猪两个阶段的选择。后备公猪指的是从仔猪育成结束至初次配种前阶段的公猪。种公猪是已开始与母猪配种繁殖使用的公猪。公猪的好坏对猪群的影响很大。在本交的情况下,1头公猪1年可繁殖500～600头后代,如果采用人工授精,则1头公猪1年可繁殖仔猪可达3 000头以上。可见公猪在繁殖中起着十分重要的作用。因此，要特别重视种公猪的选择。

(1)外形鉴定　要求种公猪的头和颈较轻细，占身体的比例小，胸宽深，背宽平或稍弓起，腹部紧缩，不松弛下垂，体躯要长，腹部平直，后躯和臀部发达，肌肉丰满，骨骼粗壮，四肢有力，体格强健，符合本品种的基本特征。

(2)繁殖功能　要求生殖器官的发育正常，睾丸发育良好，轮廓明显，左右大小一致，不允许有单睾、隐睾或阴囊疝，乳头不少于12个或各品种规定的最少乳头数，排列整齐均匀。对公猪精液的品质进行检查，精液质量优良，性欲良好，配种能力强。

(3)生长肥育与胴体性能　生长速度、饲料利用率和背膘厚三个主要性状的选择标准因品种不同而异，但至少应达到本品种的标准。也可用这三个性状构成一个选择指数，根据指数值的高低进行选择。背膘厚度、生长速度和饲料利用率是中等或高遗传力。后备阶段公猪应检测这些性状，并与标准体重(90千克或100千克)进行比较，来选择那些具有最高性能指数且身体结实的公猪。通常要求公猪生长快，一般瘦肉型公猪在20～90千克阶段的平均日增重要求700克以上，耗料省，每千克增重的耗料量在3千克以下，背膘薄，90千克体重测量时，肩部、胸腰结合处及腰荐结合处三点平均膘厚20毫米以下。

2. 公猪的淘汰标准

一般猪场种公猪的利用年限多在2～3年，种公猪的年淘汰率为33%～50%。具有以下缺陷的种公猪应予淘汰。

其一，性欲低、精液品质差、配种能力差的公猪。

其二，与配母猪分娩率低、产仔数少的公猪。

其三，患有肢蹄病或其他疾病长期不能配种的公猪，或体型太大的公猪。

其四，攻击工作人员的公猪。

(二)母猪的选择及淘汰标准

1. 后备母猪的选择 通常对于种用母猪来说，主要从以下三个方面进行选择。

(1)外形鉴定 头颈要清秀而轻，下颌无过多垂肉，肩部与背部结合良好，背腰平直，肌肉丰满，臀部平直。乳头要求排列整齐均匀，后备母猪最少需有沿着腹底线均匀分布且正常的 12 个乳头。后备母猪拥有的乳头数可在断奶前检查，但当其达到上市体重时，必须重新检查这些乳头的发育，怀疑有瞎乳头、翻转乳头或其他畸形的应当予以淘汰。否则，以后将大大降低断奶仔猪数。

(2)身体结实度 必须从遗传学和经得起环境应激能力两个方面来评价身体结实度。具有身体畸形的后备母猪可能传递这些畸形给它们的后代。肢蹄结构尤为重要，因为这些性状直接影响性能。这对后备母猪都是十分重要的，因为很多后备母猪必须长时间站立在水泥地面上，并且在配种时要支撑公猪的体重。通过淘汰具有劣质肢蹄的所有猪，可以提高猪群肢蹄的结实度。

(3)生产性能 在后备母猪的选择中，必须兼顾其肥育性能和产肉性能的选择，这些性能包括胴体品质(常用背膘厚来衡量)和生长速度等特性。后备母猪应当具有比猪群平均水平更好的胴体品质和生长速度。

2. 母猪的淘汰标准 一般猪场每年要有 1/3 的繁殖母猪需要淘汰更新，具有下列缺陷的母猪应予淘汰。

其一，有效乳头数少于 11 个的母猪。

其二，过肥、过重或有肢蹄病而治疗无效的母猪。

其三，连续两个发情期配种不孕的母猪。

其四，连续 2 胎产仔少于 7 头的母猪。

其五，产出畸形后代，特别是产出有疝气、隐睾和锁肛等可遗传畸形后代的母猪。

其六，所产仔猪在生长速度和胴体品质上均低于平均水平的母猪。

其七，母性差，难于管理的母猪。

在评价母猪的生产性能时，生产者应考虑母猪一生的平均性能。选择后备母猪时，如果育种者按母猪连续 2 窝以上的平均性能而不是某一窝的记录来选择，则可提高选择的准确性。

第三章　猪的繁殖标准化

标准化养猪生产要求有结构合理的繁殖猪群、良好的繁殖管理，同时要充分发挥现代繁殖技术的作用，挖掘公、母猪的繁殖潜力，减少猪的繁殖障碍的发生。

一、猪场的繁殖指标

现代养猪生产中，要根据一定的生产流程、技术力量、猪群繁殖水平及仔猪培育水平、生产设施和管理能力等拟定有关繁殖水平指标。猪场的实际生产水平应与这些指标进行比较，以确定是否达到有关目标。

（一）猪的繁殖力

1. 情期受胎率

情期受胎率（%）＝受胎母猪数/情期配种母猪数×100%

自然交配的猪场一般应在85%以上，采用人工授精的猪场应在88%以上，理想水平为90%以上。

情期配种母猪数是指母猪发情并配种的总头次数。情期受胎率既代表猪群的生殖健康水平，同时也代表猪场的配种管理水平。情期受胎率越低，则母猪的平均空怀期就越长，从而使母猪的繁殖周期增长。

2. 分娩率

分娩率（%）＝正常分娩母猪数/妊娠母猪数×100%

分娩率代表着妊娠母猪的管理水平，一般水平的猪场分娩率在 90%左右，理想的分娩率应高于 95%。妊娠期母猪流产数量越多，则分娩率越低。

3. 配种分娩率

配种分娩率(%)＝分娩母猪数/情期配种母猪数×100%，或配种分娩率(%)＝情期受胎率×分娩率×100

如果情期受胎率为 85%，分娩率为 95%，则配种分娩率＝85%×95%×100≈80%，理想水平可达 83%。

配种分娩率反映猪场从发情母猪配种到妊娠管理的水平。可以根据配种分娩率的高低和周生产能力来计算每周需要配种的母猪数。

4. 公母猪比例

公母猪比例＝成年公猪数∶繁殖母猪数

公母猪比例在一定程度上代表了公猪的配种能力。在自然交配条件下，纯种繁育，一般公母猪的比例较大，在 1∶10 左右；施行早期断奶和繁殖管理水平较高的商品猪场公母猪比例为 1∶20，大多数猪场的公母猪比例为 1∶25。而采用人工授精的商品猪场的公母猪比例可大大降低，一般为 1∶150，公猪管理好的猪场公母猪比例可降低至 1∶200。

5. 繁殖周期　繁殖周期是指母猪相邻两个胎次的间隔时间。繁殖周期的长短与哺乳期、平均空怀期长短有关。

繁殖周期＝平均空怀期＋妊娠期＋哺乳期

猪的平均妊娠期按 114 天计算，平均空怀期受哺乳期长短、配种水平和母猪生殖健康水平影响，而哺乳期则是由生产管理方式决定的。以平均空怀期为14天、哺乳期为28天为例，则繁殖周期＝114＋14＋28＝156天（约22周）。

上述数据为理想水平下的繁殖周期。事实上，大多数猪场的平均繁殖周期要长些，除了配种管理水平较低外，主要是因为猪场长期允许较多的屡配不孕和长期不发情的母猪存在，而不能及时淘汰。中上水平的猪场繁殖周期为163天左右，较差的猪场的繁殖周期可超过170天。

6. 年产窝数

年产窝数＝1年的天数/繁殖周期

以上述数据为例，年产窝数＝365÷156＝2.34窝。

基于上述原因，大多数猪场的母猪平均年产窝数为2.1～2.2。理想的繁殖水平为2.3～2.4窝。

（二）母猪年生产能力

母猪年生产能力是指每头母猪每年所提供的商品猪数量。它受年产窝数、窝产活仔数、仔猪至肥育结束各阶段存活率的影响。这个指标又会影响到一定生产能力猪场所需的母猪数。

1. 每窝产活仔数　母猪每窝产仔数包括活仔和死胎，它一定程度反映了母猪的产仔潜力，而窝产活仔数则代表了母猪的实际生产能力。

管理良好的猪场，平均每胎产活仔数应在9.5头以上，理想水平应在10.5头以上。

2. 哺乳仔猪存活率

哺乳仔猪存活率（％）＝断奶存活的仔猪数/出生活仔数×100％

哺乳仔猪存活率反映哺乳仔猪的培育水平和母猪哺乳水平。大多数大型猪场的哺乳仔猪存活率为90%左右，规模化猪场哺乳仔猪存活率理想水平应在95%以上。

3. 保育猪存活率

保育猪存活率(%)＝保育结束时存活仔猪/断奶时存活仔猪数×100%

保育猪成活率反映保育舍生产管理水平。大多数管理较好的猪场的保育猪存活率为95%左右。规模化猪场保育猪存活率理想水平应在98%以上。

4. 肥育猪存活率

肥育猪存活率(%)＝出栏时肥育猪数/保育结束时仔猪数×100%

规模化猪场肥育猪存活率理想水平应在98%以上。

5. 每头母猪年提供商品猪数

肥育猪总存活率(%)＝哺乳仔猪存活率×保育猪存活率×肥育猪存活率×100%

每头母猪年提供商品猪数＝年产窝数×窝产活仔数×育肥猪总存活率

以上述规模化猪场理想水平为例，则肥育猪总存活率(%)＝95%×98%×98%×100%≈91%，每头母猪年提供商品猪数＝2.34×10.5×91%≈22头。

因此，每头母猪年提供肥育猪数的理想水平应不低于20头。由于我国猪场繁殖管理水平和猪场条件的限制，大部分规模化猪场母猪年提供商品猪数在16.5～19头。

二、猪群结构及周转计划

猪场猪群结构是由管理方式、饲养管理水平、猪场猪舍结构决定的，猪群结构是猪场繁殖管理指标的体现。下面以有代表性的万头猪场的猪群结构为例，说明猪群结构的计算方法。

(一)猪群各类猪的数量

以年出栏 1 万头商品猪的猪场为例，其猪群结构可按下列公式计算(代入的数据均为与公式对应的数值)。

1. 年平均存栏母猪总数

年平均存栏母猪总数＝

$$\frac{\text{计划年出栏商品肉猪总数}\times\text{繁殖周期}}{356\text{ 天}\times\text{窝产仔数}\times\text{哺乳仔猪存活率}\times\text{保育猪存活率}\times\text{肥育猪存活率}}$$

$$=\frac{10000\times163}{365\times9.5\times0.9\times0.95\times0.98}=561(\text{头})$$

2. 后备母猪数

后备母猪数＝母猪总数×年更新率

＝561×33%＝185(头)

3. 种公猪存栏数

种公猪数＝母猪总数×公母比例$=561\times\frac{1}{25}=22$(头)

4. 后备公猪数

后备公猪数＝公猪头数×年更新率＝22×33%＝7(头)

5. 成年空怀母猪数 即在待配种母猪舍内的母猪数。

其中:包括配种后 28 天内在配种舍观察的母猪数,不包括 6 月龄以上的后备母猪数。

$$空怀母猪数=\frac{总母猪头数\times年产胎次\times饲养日数}{365}$$

$$=\frac{561\times2.24\times(14+28)}{365}=145(头)$$

注:饲养日数为平均空怀期和在配种舍的天数。

6. 妊娠栏母猪头数 是指转入妊娠舍母猪的存栏数。其中,不包括配种后 28 天内在配种舍观察的母猪和分娩前 7 天转入分娩舍的母猪。

$$妊娠母猪头数=\frac{总母猪头数\times年产胎次\times饲养日数}{365}$$

$$=\frac{561\times2.24\times(114-28-7)}{365}=272(头)$$

注:饲养日数为妊娠期减去在配种舍和在分娩舍的天数。

7. 分娩哺乳母猪头数 是指在产房的母猪数量。其中,包括妊娠的最后 7 天转入分娩舍的母猪和哺乳期的母猪。

$$分娩哺乳母猪头数=\frac{总母猪头数\times年产胎次\times饲养日数}{365}$$

$$=\frac{561\times2.24\times(7+28)}{365}=120(头)$$

注:7 天为进产房后分娩前的天数,28 天为哺乳期。

8. 哺乳仔猪头数

哺乳仔猪头数=

$$\frac{总母猪头数\times年产胎次\times每胎产活仔数\times存活率\times饲养日数}{365}$$

$$=\frac{561\times 2.24\times 9.5\times 0.9\times (28+7)}{365}=1\,030(头)$$

注:28 天为哺乳期,7 天为断奶后在产房的停留天数。

9. 35～70 日龄断奶仔猪数

断奶仔猪数=

$$\frac{总母猪数\times 年胎次\times 窝产仔数\times 哺乳存活率\times 断奶存活率\times 饲养日数}{365}$$

$$=\frac{561\times 2.24\times 9.5\times 0.9\times 0.95\times 35}{365}=978(头)$$

10. 71～160 日龄肥育猪头数

肥育猪数

$$=\frac{总母猪数\times 年胎次\times 窝产仔数\times 总存活率\times 饲养日数}{365}$$

$$=\frac{561\times 2.24\times 9.5\times 0.9\times 0.95\times 0.98\times 90}{365}=2\,466(头)$$

11. 猪场总存栏猪数

猪场总存栏猪数=总母猪数+后备母猪数+种公猪数+后备公猪数+哺乳仔猪数+断奶仔猪数+生长肥育猪头数=561+185+22+7+1030+978+2466=5 289(头)

12. 一个万头猪场的繁殖技术参数和猪群结构 见表 3-1。

表 3-1 一个万头猪场的繁殖技术参数和猪群结构

繁殖技术参数和猪群结构项目	数 值
每年的天数(常数,天)	365
猪场年生产能力(头)	10000
母猪妊娠期(天)	114
母猪实际哺乳期(天)	28

续表 3-1

繁殖技术参数和猪群结构项目	数 值
平均空怀期(天)	14
配种后观察期(天)	28
产前进产房的天数(天)	7
母猪年更新率(%)	33
窝产活仔数(头)	9.5
配种受胎率(%)	85
公猪年更新率(%)	33
母猪哺乳期(包括产前 7 天)(天)	35
仔猪哺乳期(包括断奶适应期)(天)	35
保育期(天)	35
生长肥育期(天)	90
公母猪比	1∶25
母猪分娩率(%)	95
哺乳仔猪存活率(%)	90
断奶仔猪存活率(%)	95
生长肥育期存活率(%)	98
繁殖节律(天)	7
母猪的繁殖周期(天)	163
母猪年产窝数	2.24
猪场总母猪数(头)	561
每个繁殖周期分娩母猪数(头)	24
每个繁殖周期配种母猪数(头)	30
空怀母猪数(头)	145
妊娠母猪数(头)	272
分娩哺乳母猪数(头)	120

续表 3-1

繁殖技术参数和猪群结构项目	数　值
哺乳仔猪数(头)	1030
保育仔猪数(头)	978
生长肥育猪数(头)	2466
后备母猪数(头)	185
公猪数(头)	22
后备公猪数(头)	7
猪场总存栏猪数(头)	5289

(二)母猪群的胎龄结构

猪场建立合理的母猪群胎龄结构,可避免形成高胎龄猪群与低胎龄猪群交替变化的恶性循环,始终保持高繁殖力胎龄在母猪群中的合适比例,是保持母猪群良好的繁殖能力的重要保证。

以母猪年更新率 33%的猪场为例,母猪群的胎龄结构与各胎次的淘汰率标准如表 3-2 所示。

表 3-2　商品场母猪群的胎龄结构与各胎次的淘汰标准

胎　次	1胎	2胎	3胎	4胎	5胎	6胎	7胎	8胎	9胎
占全群比例(%)	15	13.5	13	12.5	12	11.5	11	7	4.5
该胎次淘汰率(%)	10	3.7	3.8	4	4.2	4.3	36.4	35.7	100
绝对淘汰率(%)	1.5	0.5	0.5	0.5	0.5	0.5	4	2.5	4.5

(三)猪群周转计划

标准化养猪的目的是要摆脱分散的、传统的季节性的生产方式,建立工厂化、程序化、长年均衡的养猪生产体系,从而达到生产的高水平和经营的高效益。

1. 猪群生产阶段划分 在标准化生产中必须对生产阶段进行划分，以便使猪群有序地周转，保证猪舍及设备的充分利用。生产阶段的划分方法应根据猪场的规模和生产方式来确定。现以四阶段生产工艺为例说明各生产阶段。

(1)配种妊娠阶段 在此阶段母猪要完成配种并度过妊娠期。配种约需 1 周，妊娠期 16.5 周，母猪产前提前 1 周进入产房。母猪在配种妊娠舍饲养 16～17 周。如果猪场规模较大，可把空怀期[断奶～配种后 21 天(或 28 天)，即确定是否妊娠的阶段]和妊娠期[妊娠 22 天(或 28 天)～107 天]分为两个阶段。空怀母猪在 1 周左右时间完成配种，然后观察 4 周，确定妊娠后转入妊娠猪舍，没有配准的留在空怀舍等待下次发情参加配种。

(2)产仔哺乳阶段 同一周配准的母猪，要按预产期最早的母猪，提前 1 周(或 1 周多)同批进入产房，在此阶段要完成分娩和对仔猪的哺育，哺育期为 5 周(或 4 周)，母猪在产房饲养 6 周(或 5 周)，断奶后仔猪转入下一阶段饲养，母猪回到空怀母猪舍参加下一个繁殖周期的配种。

(3)断奶仔猪培育阶段 仔猪断奶后，同批转入仔猪保育舍，在保育舍饲养 5～6 周，体重达 25 千克以上。这时猪只已对外界环境条件有了相当强的适应能力，再共同转入生长肥育舍。

(4)生长肥育阶段 由保育舍(仔培舍)转入肥育舍的所有猪只，按肥育猪的饲养管理要求饲养，共饲养 13～15 周，体重达 90～120 千克时，即可出栏销售。生长肥育阶段也可按猪场条件分为中猪舍和大猪舍，这样更利于猪群的管理。

通过以上四个阶段的饲养，当生产走入正轨之后，就可以实现每周都有母猪配种、分娩、仔猪断奶和商品猪出售，从而形成工厂化标准化饲养的基本框架。

一个现代化养猪场建场要有严格的规划与设计，工艺流程确定以后，按猪场的工艺设计要求，安排配种妊娠舍、产房、保育和肥育栏位。场内猪群周转、建筑、设备的合理利用，都必须和生产工艺、防疫制度、机械化程度紧密联系，以做到投产后井然有序，方便管理。

2. 猪群周转

(1)繁殖节律或繁殖时间单元　是指在猪繁殖过程中，安排相邻两个生产批次间的间隔时间。如万头生产线中，一般以1周(7天)为一个生产单元，在安排配种时，7天内所配种的母猪数量应能满足每周生产出栏约200头商品猪的要求(1年52周，可完成10 000头生产能力)。如果完成当周的配种任务后，即使在同一周中仍有发情母猪也不配种，而是推至以后的繁殖时间单元中。这个指标是生产流程中人为安排的，不受生产水平的影响。以繁殖时间单元为单位进行生产组织，便于在生产中安排周转计划，使生产有序高效地进行。

(2)每周转入产房的待产母猪头数　按理论计算，假使每头母猪年产仔2.2窝，那么，根据一个猪场所养的母猪总头数，就可以算出全场每年应该产仔的总窝数，然后，就可算出每周应该有多少头母猪产仔。以母猪总数为560头的猪场为例，每周产仔窝数为：

$$\text{每周产仔窝数}=\frac{\text{母猪总头数}\times 2.2}{52}$$

$$=\frac{560\times 2.2}{52}\approx 23.7(\text{窝})$$

为了留有余地，每周可安排24窝母猪产仔。这样每周应有24头母猪进入产房。所以要实现全进全出的生产方式。每个产房单元应有24个产床。

(3)配种舍每周参加配种的母猪头数　根据每周应产仔窝数，以及母猪配种受胎分娩率(按80%掌握)，那么每周参加配种的母猪头数应该是：

$$每周参加配种的母猪数=\frac{每周产仔窝数}{总配种分娩率}=\frac{24}{80\%}=30(头)$$

(4)每周从配种舍转入妊娠舍的母猪头数　按配种受胎率85%计算，每周转入妊娠舍的母猪头数为30×0.85=25.5头(25或26头)。

(5)每周断奶仔猪数及转入生长肥育舍的仔猪数　以每周分娩24窝，每窝断奶存活9头为例：

每周断奶仔猪数=24窝×9头/窝=226(头)

每周转入生长肥育舍的保育猪数=226头×95%(育成率)

=215(头)

(6)每周淘汰母猪数及转入配种舍的母猪数　每周淘汰母猪数可根据年淘汰率、哺乳母猪数计算。

每周淘汰母猪数=560×33%÷52≈4(头)

每周转入配种舍的母猪数=24－4=20(头)

三、提高繁殖力的技术措施

(一)母猪的发情鉴定

发情鉴定的主要目的是及时发现发情母猪，判断母猪的发情阶段和配种时机。发情鉴定和配种时机的掌握是保持母猪良好的受胎率、窝产仔数，减少长期空怀的关键技术。

现代集约化猪场饲养的母猪多为引进品种或引进品种间的杂交后代。它们的发情表现远不如我国本地母猪明显，许多母猪发情时采食正常，不跳圈，不鸣叫，阴户变化不明显，因此常常错过配种时机。发现后备母猪的初次发情还会更困难些，因为它们往往不表现出明显特征。约 1/3 的后备母猪初次发情无明显征兆，约 16% 的后备母猪表现安静发情。如此，现代养猪生产的繁殖管理中，准确进行母猪的发情鉴定和配种时间判断，对保证母猪的正常繁殖力至关重要。

应该注意的是母猪从清晨开始发情占有较大的比例，因此应特别注意早晨对母猪的行为观察及试情，及时发现发情母猪。

1. 外部观察查情法 对没有种公猪的小型猪场主要是通过外部观察法来发现发情母猪。母猪在前情期会出现食欲减退甚至废绝，鸣叫，爬跨其他母猪等行为，之后母猪就进入发情期。母猪发情时对周围环境极为敏感，一有动静马上抬头，竖耳静听。发情母猪常在圈内来回走动、爬圈，或常站在圈门口。母猪在非发情期，阴户不肿胀，阴唇紧闭，中缝像一条直线。若阴唇松弛，闭合不全，中缝弯曲，甚至外翻，阴唇颜色变深，黏液量较多且能在食指与大拇指间拉成细丝，即可判断为发情。母猪发情开始一段时间后，即使没有公猪在场，如果按压母猪后背部，母猪就会出现静立不动反应，出现典型的接受公猪爬跨的行为。这种行为称之为静立反应或静立反射。

通常未发情或处在前情期和后情期的母猪会躲避人的接近。如果母猪不躲避人的接近，甚至主动接近人，则可用手按压母猪后背，如果母猪表现静立不动并用力支撑，或有向后坐的姿势，说明母猪已经进入发情期。这时一般母猪会允许人接触其外阴部。用手触摸其会阴部，发情母猪会表现肌肉紧张、阴门收缩。触摸侧腹部母猪会表现紧张和颤抖。

相对于其他家畜，母猪的发情表现较为明显，因此，对发情正常的母猪，外部观察基本上可判断出其是否发情。但由于没有公猪的外貌、叫声和气味的刺激，母猪在压背时出现静立反射的时间较晚。因此，仅靠外部观察进行发情鉴定，需要更多的经验和细致的观察，才能准确地判断母猪的发情和最佳配种时机。

2. 用试情公猪查情法 这是最有效的发情鉴定方法，因为是否发情是以母猪是否接受公猪爬跨为准的。

(1)试情公猪的选择 青年公猪往往行为较为浮躁，行动太快，常常不能吸引或发现发情母猪。试情公猪应有很重的公猪所特有的气味，有利于吸引发情母猪；口腔泡沫丰富，善于利用叫声吸引发情母猪，并容易靠气味引起发情母猪反应；公猪的性情温和，有忍让性，不攻击人；听指挥，能够配合配种员按次序逐栏进行检查，当发现发情母猪时，不会因发现这头发情母猪而停步不前，影响后面的“工作”；行为稳重，能够对每栏母猪群进行仔细的嗅闻判断。

(2)用试情公猪查情的方法 清早试情较能及时地发现发情母猪，如果人力许可，可分早晚各试情 1 次。

试情时，让公猪走在母猪栏净道上(喂料道)，进行公、母猪头对头试情，以使母猪能嗅到公猪的气味，并能看到公猪。查情人员对主动接近公猪的母猪进行压背试验。如果在压背时出现静立反射则认为母猪已经进入发情期。

为了有效地进行试情公猪的查情，如果有条件，建议每

8～10个限位栏(每侧各4～5个),在走道上安一个栅栏门,以便将公猪隔在这几个栏内,让其在这个小区域内寻找发情母猪(图3-1)。

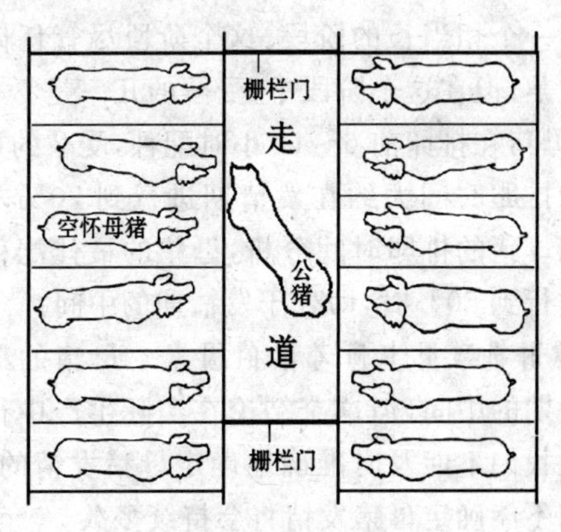

图3-1 猪的隔栏试情

试情法进行发情鉴定,母猪最特征性的表现仍然是静立反射。所以,在用公猪查情时,压背试验就非常重要,同时还要检查母猪的外阴部肿胀情况、黏液量及黏稠度、是否结痂以及阴道黏膜的情况。

(二)母猪配种时机的掌握

发现发情母猪并不是查情的最终目的。判断母猪的发情阶段,确定母猪排卵的时间,以便确定母猪的配种时机才是查情的真正目的。

1. 发情与配种时机的关系 首先必须清楚,发情是一个性接受过程。许多养猪者把母猪外阴红肿、排出黏液、鸣叫等作为母猪发情的标志,这种理解显然是错误的。动物发情有其自身的规律,当达到母猪容易受孕的阶段时,母猪才可能接受公猪的交配。因此,接受压背或公猪的爬跨是发情的标志。但是否接受交配是受雌性激素影响的,如果大剂量注射雌激素,可使没有卵泡发育的后备母猪接受交配。而且,母猪接受公猪交配有一个相当长的阶段,这个阶段尽管任何时候配种都有可能受孕,但在这个阶段中,受孕的几率是不一样的。从理论上讲,母猪在排卵前6～12小时配种,受孕的可能性都较大。母猪的排卵时间大约在发情期进行到70%左右。根据不同发情期母猪的排卵时间分析,母猪的最佳配种时机是处于发情期进行到50%时,即处于发情期的中间。

2. 配种时机掌握上应考虑的因素　母猪的最佳配种时机处于发情期的中间,但这个结论在实际生产中很难进行操作。其一是我们不能及时准确地确定母猪发情的开始时间,其二是我们不能确定母猪发情将会持续多久。

(1)*影响母猪发情持续期的因素*　主要影响因素有以下四个方面。

其一,后备母猪由于内分泌机制尚未健全,发情期不稳定。因此,发情持续时间个体间差异较大,这是后备母猪不易掌握配种时机的原因之一。我国养猪观察的实践表明,后备母猪的发情持续期一般较长,但有些后备母猪发情持续期很短。

其二,经产母猪从断奶至发情的间隔时间越长,发情期越短;反之,发情期越长。二胎以上的母猪,一般断奶至发情的间隔时间较短,而发情期较长。

其三,不同品种及不同猪群发情持续期不同。不太好预见每头母猪的实际发情持续期,但一个群体或一个品种有其相应的规律性。通过发情持续期登记及分析,一般会找出母猪发情持续时间的一般规律,尽管它可能不能概括猪群中的所有母猪，但可以为掌握大多数母猪的配种时间提供依据。

其四，母猪发情持续期也受季节因素的影响。炎热往往会使母猪的发情期延长，其排卵时间也可能会推迟。

(2)实际发情时间与发现发情时间对配种时机掌握的影响　我们不可能经常地对母猪进行观察和试情，但一天只需要早晚两次试情，就可以发现绝大部分的发情母猪，至于其发情的开始时间，通常我们可以认为当我们发现母猪发情时，母猪已经发情了0～12个小时，平均6小时。如果发情后第一次配种时机为母猪发情后的第18小时，那么从发现发情至第一次配种的间隔时间应为12小时。但如果是通过外部观察法进行查情，则一般发现发情会更晚些。

(3)外阴部变化与配种时机的关系　受雌激素的影响，母猪的外阴部的变化与其发情阶段存在较强的相关性。后备母猪的最佳配种时间应为外阴皮肤开始出现皱褶，外阴湿润、松弛、柔软、温热。所有的母猪的最佳配种时机应为外阴部略呈深红色，黏液浑浊，流出的黏液刚出现干燥、结痂，翻开外阴，阴道黏膜呈鲜红色或深红色，取少量黏液在拇指和食指间捻动，感到非常润滑，可在指间拉成丝。

3. 配种时机掌握的实用方法　每天查情2次，每个情期每头母猪配种2次。

(1)有试情公猪　每天查情2次(上午7～9点，下午16～18点)，每头母猪一个情期配种2次。

返情或断奶至发情间隔天数为5天以上的母猪，上午发现下午第一次配种，次日上午第二次配种。下午发现，当天下午或晚上第一次配种，次日上午或中午第二次配种。注意：发现发情至第一次配种间隔3～10小时。第一次配种与第二次配种间隔时间8～16小时。

断奶至发情间隔天数为5天以内的母猪，上午发现下午或当晚第一次配种，次日上午第二次配种。下午发现，次日上午第一次配种，次日下午或次日晚第二次配种。注意：发现发情至第一次配种间隔应有12～24小时。第一次配种与第二次配种间隔时间12～18小时。

初配母猪，不仅要注意检查发情的开始时间，更要注意其外阴及阴道黏膜、黏液的情况，来确定第一次配种的时间。第一次配种与第二次配种间隔时间12～18小时。

(2)没有试情公猪　每天早晚2次进行观察和压背试验(以一个情期配种2次为例)。

返情、断奶至发情间隔天数为5天以上的母猪，上午发现上午第一次配种，下午第二次配种。下午发现，当天下午第一次配种，次日上午第二次配种。第一次配种和第二次配种的间隔时间8～16小时。

断奶至发情间隔天数为5天以内的母猪，上午发现下午第一次配种，次日上午第二次配种。下午发现，下午第一次配种，次日中午或次日下午第二次配种。发现至配种间隔时间3～8小时，两次配种间隔时间同上。

(三)配种方法

配种方法分自然配种法和人工授精两种。

1. 自然配种　俗称“本交”。将发情母猪赶到配种栏与公猪合圈，必要的话，配种技术人员辅助公猪的阴茎插入到母猪的阴道内。

配种前应用干的消毒纸巾清洁母猪的外阴。有些公猪包皮腔积尿较多时，应在公猪爬跨上母猪时，挤净包皮腔中的尿液。在公猪阴茎勃起伸出前，应将公猪的包皮口用干的消毒纸巾擦干净。

自然配种根据配种次数及所选配的公猪多少，分为单次配种、重复配和双重配三种。

(1)单次配种　是一头发情母猪在一个发情期内，用一头公猪配种一次。其优点是所使用的公猪数少，但受胎率和窝产仔数比重复配略低。小规模养猪较多采用这种配种方法。

(2)重复配　是一头发情母猪在一个发情期内，用一头公猪配种后，间隔12～18小时用同一头公猪进行第二次配种。这种配种方法确保了在卵子最佳受精期内输卵管内有足够的获能精子数，其受胎率和窝产仔数能够得到保证。

(3)双重配　是一头发情母猪在间隔15～20分钟的时间内，分别用两头种公猪与之交配。这种配种方法优点是增加了排出卵子选择不同遗传背景精子与之结合的机会。因此有助于提高卵子的受精率。缺点是对公猪的需要量增大。另外，因不能确定母猪所产仔猪的父亲，而不能进行后代系谱登记和公猪后裔鉴定，故不适合用于种猪的生产，也不能用来进行公猪的后裔鉴定，只能用于商品猪生产。

在商品猪场中重复配和双重配可对一头母猪同时进行，但这种方法对公猪的需要量会更大，另外，配种工作量也增大了1倍，因此不能为猪场所接受。

2. 人工授精　猪的人工授精是采用人工方法采集公猪的精液，经过精液品质检查和精液处理，再用器械将精液输送到母猪生殖道内使之受精的配种技术。

猪的人工授精是现代养猪业最具应用价值的配种管理技术，有利于控制疫病、减少母猪的繁殖障碍，减少公猪的饲养数量、提高良种公猪的利用效率、提高猪群质量。因此，有条件的猪场应采用人工授精。

3. 配种次数 从理论上讲，母猪在一个发情期中只要有一次正常的配种，就可保证母猪的受胎率。但实际生产中存在配种时间掌握上的困难，但这个困难可以通过增加配种次数来解决，以使排卵时有足够的获能精子到达受精部位。但配种次数并不是越多受胎率越高，一般来说，一个情期有2次配种（或输精）就能达到相当高的受胎率。

（四）母猪的妊娠诊断

对母猪进行早期妊娠诊断，可以减少母猪的空怀期或非繁殖天数，能够提高母猪的平均年产窝数，并有利于及时淘汰低繁殖力或不育母猪。猪场的配种水平越低，妊娠诊断的意义越大。妊娠诊断的方法有多种，几乎没有一种妊娠诊断技术能达到100%的准确率。但多种方法同时使用，相互印证，即使几种比较简易的方法，也能达到很高的准确率。当然，妊娠诊断过程中，技术人员的技术水平和经验也十分重要。

1. 返情检查 妊娠诊断最普通的方法是根据配种后16～24天是否恢复发情来初步判断母猪是否妊娠。观察母猪在公猪在场时的表现，尤其是当公、母猪直接发生身体接触时的行为表现，将有利于及时发现配种后返情的母猪。一般将配种后的母猪与空怀待配母猪饲养在同一栋猪舍中，在对空怀母猪进行查情时，同时每天对配种后16～24天的母猪进行返情检查，如不返情，可认为母猪已经受孕。这种检查方法的总体准确性有较大的差异。猪场母猪繁殖状况越好，通过返情检查进行妊娠诊断的准确性越高，但当猪场管理混乱、饲料中含有霉菌等毒素、炎热、母猪营养不良时，则母猪持续乏情或假妊娠率会增高，这种情况下，配种后检查返情进行妊娠诊断，就会有部分母猪出现假阳性诊断结果。因此，通过返情检查进行妊娠诊断的准确性高时可达92%，但低时会低于40%。在配种后38～45天进行第二次返情检查，如仍不返情，其诊断的准确性会进一步提高。

2. 超声波检查法 其原理是根据超声波回声来检查妊娠，是一种早期妊娠检查的普遍且实用的方法，可与返情检查结合使用。

(1)多普勒超声波 多普勒超声仪是通过检测胎儿心跳和脉搏进行妊娠诊断的。腹部探查位置是母猪肋腹部、横过乳头并且对准骨盆腔区域。超声波通过传感器进行发出、接收并转换成声音信号。也可通过直肠探查，其方法与腹部探查相似。直肠探查和腹部探查的灵敏度高于85%，特异性高于95%，妊娠29～34天效果最佳。当周围环境中有噪声干扰或直肠探查部位有粪便阻塞时会出现假阳性诊断。此种方法一般需要用不同妊娠期探查的录音进行比对，但随着经验的积累，技术人员可直接根据声音信号来判断是否妊娠。

(2)A型超声波 A型超声仪利用超声波来检查充满积液的子宫。声波从妊娠的子宫反射回来，并被转换成声音信号或示波器屏幕图像，或通过二极管形成亮线。在配种后30～75天内进行妊娠检查，此方法总体准确度高于95%。不同型号的A型超声仪的灵敏度和特异性存在着差异。从75天至分娩假阳性和不能确定的比例增加，这主要是由于尿囊液和胎儿生长的变化。但对这种妊娠诊断仪器的应用并没有多大影响，因为75天以后，从腹部隆起的状况和胎动就可以看出是否妊娠。但膀胱积液、子宫蓄脓和子宫内膜水肿容易造成假阳性诊断结果。因此，用A型超声波进行妊娠诊断，同样也会因为母猪群的健康状况而影响到诊断的准确性。

(3)实时超声波法 实时超声波在母猪的早期准妊娠诊

诊断方面颇具潜力。腹部实时超声波探查的传感器与其他诊断仪相同。超声波穿过子宫然后返回到传感器，若在生殖道内探测到明显的积液囊或胎儿则可确诊妊娠。

研究表明，在妊娠21天时，分别用3.5兆赫和5兆赫的探头，其总体准确度分别为90%和96%。5兆赫探头的特异性比3.5兆赫探头高。操作人员、妊娠日期、仪器和探头类型(3.5兆赫与5兆赫、线形面与扇形面)都可以影响实时超声波检查的准确性。在妊娠28天时检查，实时超声波的上述影响对检查结果的影响比在妊娠21天时的影响小。

3. 外部观察法 是根据母猪配种后的外观和行为的变化来进行妊娠诊断的。但这种方法只能作为其他诊断方法的辅助手段，以便印证其他方法诊断的结果；而且外部观察法诊断一般只能在配种后4周以上才能进行。

(1)食欲与膘情 母猪妊娠后，由于为胎儿后期快速发育阶段贮备营养的需要，往往食欲会明显增加。另外，由于妊娠期在孕激素的作用下，妊娠前期的同化作用增强，而基础代谢较低。因此，妊娠后的母猪即使饲喂通常用以维持的饲料量，母猪的膘情也会提高。

(2)外观 如前所述，由于处于妊娠代谢状态下的母猪同化作用增强，膘情提高，其外观的营养状况会有明显改善，被毛顺滑，皮肤滋润。

受孕激素的作用影响，外生殖器的血液循环明显减弱，外阴苍白、皱缩，阴门裂线变短且弯曲。因此，如果出现上述变化，应作为母猪受孕的依据之一。但某些饲料成分会影响这种变化，饲喂含有被镰刀霉菌污染的饲料，妊娠母猪的外阴的干缩状况并不明显，甚至有些妊娠母猪的外阴还有轻度肿胀。某些品种妊娠时，外阴部的变化也不够明显。

随着胎儿的增大，母猪的腹围会增大，通常在妊娠至60天左右时，腹部隆起已经较为明显，75天以后，部分母猪可看到胎动，随着临产期的接近，胎动会越来越明显。

(3)行为　母猪妊娠后，性情会变得温和，行动小心，与其他母猪群养时，会小心避开其他母猪。

外部观察法进行早期妊娠诊断的可靠性显然不高，但日常观察经验的积累会提高判断的准确性。因此，生产过程中对母猪外观行为变化的观察，有助于及时发现未孕母猪，减少母猪非繁殖期的时间。

四、提高猪场繁殖水平的综合措施

猪场的繁殖水平的高低绝不仅仅是繁殖技术的应用问题，而是遗传、育种、环境、饲料营养、饲喂管理、生态及繁殖技术共同作用的结果。要提高猪场的繁殖水平，必须从影响猪繁殖水平的各个环节着手进行有效的生产管理，才能充分发挥猪群的繁殖潜力，达到理想的繁殖水平。

(一)减少乏情母猪在母猪群中的比例

猪场在短期内存在乏情母猪是允许的，因为乏情母猪从发现到治疗观察有一个时间问题。关键是如何来减少乏情现象的发生。

1. 发育不良的小母猪坚决不能留作后备母猪　先天性疾病及其他任何因素造成的发育不良的母猪和4月龄时达不到标准体重的小母猪，坚决不得选入后备母猪群。因为母猪幼年的发育状况直接关系到成年后的繁殖力。

2. 背膘过薄、肌肉过于发达的母猪不可留作后备母猪

近年来，养猪者过分追求母猪的良好的流线形体型，是造成有繁殖障碍或低繁殖力的母猪比例增大的主要原因之一，因为瘦肉率与繁殖力在某种程度上存在着矛盾，往往瘦肉率高的母猪其繁殖力较低。在后备母猪选育中，应以繁殖体型为主，兼顾其产肉性能，不可片面追求产肉性能。

3. 后备母猪不宜大群饲养和高密度饲养 后备母猪每群不宜超过5头，每头猪占有的面积应大于2平方米。

4. 避免早配 体格发育达不到110千克就配种的母猪，往往在第一胎断奶后，母猪不再发情。

5. 最大限度降低母猪哺乳期的失重 母猪哺乳期失重过大，是母猪断奶后发情延迟或不发情的主要原因。母猪断奶时的理想膘情是3分，低于2.5分即使发情，一般也不能配种。

6. 不发情的母猪应及时治疗，不能治愈的应尽早淘汰 对超过6月龄不发情，或断奶14天不发情的母猪，可每日补喂维生素A、维生素C、维生素E各0.3克，连续10天，补喂第五天注射PG 600（脑垂体）1头份，如果注射后1周内仍不发情者，应将母猪淘汰。

7. 及时淘汰老龄、过瘦或过肥的母猪 胎龄超过9胎的母猪、膘情低于2分和超过5分的母猪应坚决淘汰。

（二）最大限度地提高受胎率

母猪的受胎率直接影响到母猪的繁殖周期长短和年产仔窝数。

1. 必须确保公猪的精液质量 采用本交的猪场每头公猪每月应检查1次精液品质，初配公猪应进行全面的精液品质检查方可用于配种。如果有条件应尽可能采用人工授精，因为在人工授精条件下，每头份用于输精的精液都含有足够的有效精子数和精液体积；精液质量不合格的公猪的精液不用于输精，这样可基本上消除公猪精液质量问题对受胎率的不良影响。

2. 预防和及时治疗子宫炎等疾病，减少屡配不孕母猪的数量 子宫炎是母猪不孕的主要因素之一。要预防子宫炎，一是注意接产卫生，母猪进入产床前应进行冲洗消毒，产前应对母猪后躯及乳房进行清洗消毒，并消毒产床。接产应注意手臂消毒。夏、秋季节建议母猪在产后注射氯前列烯醇0.3～0.4毫克，以促进子宫收缩，减少出血，及时排出恶露，能有效预防子宫炎。产前、产后应在母猪饲料中加入预防子宫炎的抗生素。二是注意配种卫生，配种前不要用清水或高锰酸钾水冲洗外阴，而应用0.1%高锰酸钾溶液浸湿毛巾拧干后再擦拭外阴，最后用纸巾擦干。已经患上子宫炎的母猪的治疗方案是在上次发情后13～16天中的任一天，注射氯前列烯醇0.3毫克以促进其发情，或等待自然发情。到发情盛期注射催产素30单位，2小时后用输精管在子宫内注入治疗子宫炎的药物（如宫炎清50～70毫升），24小时后再注入一次。下次发情后，在母猪出现静立反射后，先向子宫注入加有青霉素80万单位、链霉素50万单位的生理盐水60毫升。根据配种时间安排，3～12小时后配种。

3. 准确进行发情鉴定和一个情期两次配种，确保受胎率 母猪发情期内大约有24小时的时间区域内均可能受胎，但年龄、胎次和断奶至发情的间隔时间不同，发情持续的时间也不同，最佳配种时机也不同。一般在发现发情12小时第一次配种，间隔12小时进行第二次配种。

4. 治疗和淘汰卵泡囊肿的母猪 卵泡囊肿的母猪表现

为持续发情。对患卵泡囊肿的母猪建议的治疗方法是：一次注射绒毛膜促性腺激素(HCG) 1 000～1 500 单位，同时注射黄体酮 50 毫克，隔天再注射一次黄体酮。13～16 天后注射氯前列烯醇 0.3～0.4 毫克。如果发情，可配种，并检查发情期是否在正常范围。

5. 准确进行妊娠诊断，减少空怀和假孕现象 目前市场上已经能购买到猪场专用的掌上 B 型超声波设备，不论从便携性上、经济上、易操作性上都可称得上十分实用。B 型超声波诊断仪最早诊断时间可在配种后 19 天，第三十天诊断的准确性十分可靠。使用 B 超可及时发现空怀和假孕母猪，以便进行治疗或淘汰，有利于提高猪群的总受胎率。

(三)减少流产和死胎

流产和死胎会大幅度降低有效产仔母猪数和分娩率，应积极预防。

1. 防止中毒性和药物性流产 饲料中的霉菌毒素是母猪流产的重要原因，因此应坚决杜绝用发霉变质饲料饲喂母猪，即使饲料认为是合格的也建议添加脱霉剂。在母猪妊娠期间严禁使用地塞米松等激素类药物。同时应防止饲喂被农药污染、发热的青绿饲料和发芽的或有霉斑的块根块茎类(红薯、土豆等)。

2. 降低妊娠期间的管理性伤害和应激 母猪在妊娠前 35 天受热应激(如持续数小时在 30℃以上温度)，则可能会不坐胎。妊娠的最后 1 个月受热应激，则会明显降低窝产活仔数。因此，采取有效的降温措施，有利于提高夏季的窝产活仔数。另外，还要预防母猪跌倒、剐伤、争斗，禁止对母猪粗暴鞭打。

3. 防止传染病和寄生虫病 母猪妊娠期间患任何疾病都可能会流产，或产活仔数减少。其中繁殖呼吸综合征、乙型脑炎、细小病毒病、猪瘟、衣原体病、附红细胞体病和弓形体病是引起猪流产的常见疾病。必须通过消毒、预防接种来减少。

4. 正确接种 猪场必须有良好的防疫计划，尽可能避免发现发病时才采取措施。因为，乙型脑炎、猪瘟、口蹄疫等疫苗都不适合在妊娠期间接种。尤其是妊娠早期和后期接种弱毒苗很容易造成流产或胎儿感染，因此许多疫苗接种必须在空怀期间或哺乳期进行。

(四)预防和治疗产科疾病

母猪难产、胎衣不下、乳房炎、产后发热等疾病不仅会导致仔猪死亡，也是母猪被淘汰的重要原因。

1. 母猪要保持适度运动和合适膘情 母猪妊娠期过肥和运动不足是难产的主要因素。因此，控制母猪妊娠期的膘情是防止难产，促进胎儿发育的重要措施。适当的运动也有利于防止难产。

2. 产前禁饲 产前24小时一定要禁饲，以防分娩困难。

3. 对难产母猪实施人工助产 已经发生难产的母猪，要在保证卫生的条件下正确助产，如果助产出第一个胎儿后，应注射催产素，缩短产程。频繁手掏往往导致产道水肿，造成人为的难产因素。如分娩后2小时未排出胎衣可注射催产素治疗。

4. 对妊娠超期的母猪，可进行诱导分娩 分娩推迟可导致胎儿过大型难产，或胎死腹中，如果超过预产期5天，就有必要进行诱导分娩。一次注射氯前列烯醇0.1～0.15毫克或1头份“保顺产”。

5. 预防母猪产后发热和乳房炎 母猪产前、产后 5 天，在其饲料中添加抗生素，有利于预防母猪乳房炎和产后发热。已经出现乳房炎和发热症候者应退热和注射抗生素治疗。防止长时间发热引起泌乳抑制。

（五）确保哺乳期泌乳量

母猪的泌乳量和乳汁质量直接关系到仔猪的生长速度和存活率。因此，应逐步增加产后母猪的喂料量，但不可过快。如果不考虑母猪的消化能力和仔猪的哺乳情况，加料过快可能导致母猪消化不良而出现"顶食"，或乳汁分泌过多仔猪吃不完，造成泌乳抑制，反而使泌乳量下降。

夏季应提高母猪饲料中蛋白质水平和添加脂肪以提高饲料能量水平。加强通风保持猪舍凉爽，以保证母猪食欲和最大限度地降低哺乳期失重，有利于保证泌乳量。

对产后无乳，应及时使用催乳药物进行治疗。

训练初产母猪所生仔猪吃两个乳头。初产母猪产仔数较少，如果乳头得不到刺激就会回乳，并且影响下一个繁殖期的泌乳量。

对咬死仔猪、拒绝哺乳的母猪可采用镇静剂安神。如果下一胎仍出现这种现象，再用同法处理，并在断奶后将母猪淘汰。

第四章　猪的饲养标准化

用符合猪不同阶段的营养需要、卫生安全、适口性好的饲料，对猪只进行科学的饲喂，能够充分发挥猪群的生产能力，节约饲料成本，达到生产的优质高效。要实现饲养标准化，应从饲料原料选择、配方设计、饲料加工、仓贮、运输、饲喂及饮水等环节着手，要求所生产的饲料产品必须符合国家卫生标准，其营养指标应参考最新国家标准。根据不同阶段及生产水平，制定相适应的饲喂程序。并能够持续地给猪只提供充足、清洁的饮水。

一、饲料标准化

(一)饲料原料的选择

猪的常用饲料主要包括能量饲料、蛋白质饲料、矿物质饲料和饲料添加剂四大类。饲料原料选择的重点是饲料特性、感官性状、水分、夹杂物、质量指标及分级标准、使用比例以及加工要求。我国幅员辽阔，各地农业结构差别较大，因此，在猪饲料的原料选择上也有较大的差异。这里仅对我国大多数地区的猪饲料所采用的主要原料加以介绍。

1. 能量饲料　能量饲料是指干物质中粗纤维含量在18%以下、粗蛋白质含量在20%以下的饲料均属于能量饲料。这类饲料其蛋白质、矿物质和维生素的含量低，主要包括禾谷类籽实及其加工副产品。

(1)饲料用玉米

①饲料特性　玉米产量高，货源充足、能值高，适口性好，基本上没有抗营养成分，适用于多种畜禽。可直接粉碎饲用，故有“饲料之王”之称。

②感官性状　要求籽粒整齐、均匀，色泽呈黄色或白色，无发酵、霉变、结块和异味异臭。在选择时还要注意其中秕粒、碎粒、霉粒的比例。因为玉米表皮破损后，易被黄曲霉、镰刀霉等霉菌污染，会对猪的生长、繁殖产生很大的危害。

③水分　一般地区不得超过14%，东北、内蒙古、新疆地区不得超过18.0%。

④夹杂物　不得掺杂任何玉米以外的物质。选择时应注意其中的玉米轴碎块、灰尘、石块、土块的比例。这些杂质可通过化验原料玉米的粗灰分和粗纤维含量确定是否在允许范围内。如玉米中添加有防霉剂和抗氧化剂，应做相应说明。

⑤质量指标及分级标准　玉米的分级标准是以粗蛋白质、粗纤维、粗灰分为质量控制指标，按含量分为三级（表4-1）。

表4-1　饲用玉米分级标准

质量指标	一　级	二　级	三　级
粗蛋白质(%)	≥9.0	≥8.0	≥7.0
粗纤维(%)	<1.5	<2.0	<2.5
粗灰分(%)	<2.3	<2.6	<3.0

注：1. 所有质量指标含量均以86%干物质为基础计算；2. 在分级中必须三项指标全部符合相应级，才可定级，如某一项不符合，应降一级；二级饲料用玉米为中等质量标准，低于三级则属于等外品

⑥使用比例　玉米在猪饲料中是主要的能量来源，添加量根据不同阶段营养需要，使用比例为55%～75%。

⑦加工要求　玉米脂肪含量较多，一般在4%以上，并且不饱和脂肪酸所占比例大，粉碎后易酸败变质，使适口性变差，营养降低。因此，玉米在使用时尽量减少粉碎后贮藏的时间。夏季粉碎后宜在10天内饲喂完，其他季节最多不超过30天。玉米硬度大，且遇水不易粘结，因此粉碎粒度可小些，建议在0.8毫米左右，仔猪饲料可粉碎至0.4毫米粒度。

(2)饲料用小麦

①饲料特性　小麦是人类最主要的粮食作物之一，通常只有当小麦价格低于玉米时才考虑做饲料用。小麦的蛋白质含量较玉米高，能量比玉米略低。含有阿拉伯木聚糖、植酸、外源凝集素等抗营养因子。因此，一般不宜全部替代玉米，只作部分替代。

②感官性状　要求籽粒饱满整齐，色泽一般从浅褐至棕褐色。要求色泽一致，无发酵、霉变、无包衣、结块和异味异臭。

③水分　春小麦水分不得超过12.5%，冬小麦水分不得超过13.5%。

④夹杂物　不得掺杂任何小麦以外的物质，选择时应注意其中的灰尘、石块、土块的比例。

⑤质量指标及分级标准　以粗蛋白质、粗纤维、粗灰分为质量控制指标，按含量分为三级(表4-2)。

⑥使用比例　小麦粉黏度大，含有抗营养因子，喂量过高时易引起腹泻，一般不宜超过饲粮的30%，如需大量使用，应添加小麦专用酶。

表 4-2　饲用小麦分级标准

质量指标	一　级	二　级	三　级
粗蛋白质(%)	≥14.0	≥12.0	≥10.0
粗纤维(%)	<2.0	<3.0	<3.5
粗灰分(%)	<2.0	<2.0	<3.0

注:所有质量指标含量均以 87%干物质为基础计算;级别判断参照饲料用玉米

⑦加工要求　小麦作饲料宜粉碎成粗粉,建议粒度为 1.2 毫米左右。最好是压片,以免糊口。小麦粉碎后也不宜存放过久,建议最多存放时间不超过 30 天。

(3)饲料用小麦麸

①饲料特性　小麦麸是小麦面粉业的副产品,质地轻,适口性好,含粗蛋白质较小麦高,但粗纤维含量较高,含磷和镁较高,有一定的轻泻性。适宜饲喂母猪,可调节消化道功能,防止便秘。由于原料来源和加工小麦的方法不同,其成分变化也较大。

②感官性状　细碎屑状,色泽新鲜一致,无发酵、霉变、结块及异味异嗅。

③水分　不得超过 13%。

④夹杂物　不得掺入饲料用小麦麸以外的物质,若加入抗氧化剂、防霉剂等添加剂时,应做相应说明。

⑤质量指标及分级标准　以粗蛋白质、粗纤维、粗灰分为质量控制指标,按含量分为三级(表 4-3)。

⑥使用比例　一般饲喂量为 5%～30%。由于小麦麸与玉米粉一样,存放过久,就会氧化变质,严重影响适口性,故应使用新鲜小麦麸配料。

表 4-3 饲用小麦麸分级标准

质量指标	一 级	二 级	三 级
粗蛋白质(%)	≥15.0	≥13.0	≥11.0
粗纤维(%)	<9.0	<10.0	<11.0
粗灰分(%)	<6.0	<6.0	<6.0

注:1. 所有质量指标含量均以87%干物质为基础计算;2. 级别判断可参照饲料用玉米

2. 蛋白质饲料 蛋白质饲料是指凡干物质中粗纤维含量在18%以下,粗蛋白质含量在20%以上的饲料均属于蛋白质饲料。主要包括植物性蛋白质饲料、动物性蛋白质饲料。

植物性蛋白质饲料主要有大豆及其饼(粕),其他油料籽实的榨油副产品,如花生饼(粕)、棉籽饼(粕)、菜籽饼(粕)等。

饼粕类的生产技术有两种,即溶剂浸提法与压榨法。前者的副产品为“粕”,后者的副产品为“饼”。目前在饲料配制中所使用的植物性蛋白质饲料主要为粕类。相应的饼类与粕的成分接近,粗蛋白质略低于粕。饼类的质量选择及加工可参考粕类。

动物性蛋白质饲料主要来自于畜禽鱼类等肉品加工和提取脂肪过程中的副产品及乳制品等。主要包括鱼粉、肉骨粉、血粉、蚕蛹、脱脂奶粉、乳清粉和羽毛粉等。动物性蛋白质饲料的蛋白质含量高,必需氨基酸组成好,特别是钙、磷含量高,富含微量元素、维生素,几乎不含有粗纤维,可利用的能值较高,是优质蛋白质、氨基酸的来源之一。

(1)饲料用大豆粕

①饲料特性 是目前猪日粮中首选的蛋白质饲料,是猪饲料中的主要蛋白质来源。其蛋白质中富含赖氨酸和色氨

酸，可以补充玉米和其他谷物中赖氨酸的不足，而且大豆粕中蛋白质的消化率很高。未经熟化的大豆粕与生大豆一样，含有抗胰蛋白酶等抗营养因子，如被猪采食可发生中毒，但经加热熟化就可去毒。加热过度的大豆粕呈红褐色，其营养价值会明显降低。

②感官性状　本品呈浅黄褐色或浅黄色不规则的碎片状，要求色泽一致，无发酵、霉变、结块、虫蛀及异味异臭。熟化不足的大豆粕用嘴咀嚼有豆腥味，熟化过度的呈红褐色，口感香味减弱，并略带苦味。

③水分　不得超过13%。

④夹杂物　不得掺杂任何大豆粕以外的物质。选择时应注意其中的豆秸、石块、土块等杂质的比例，同时应注意是否有用压扁玉米、淀粉渣等掺假成分。可用碘酊进行鉴别，如遇碘酊呈蓝色，则说明掺有谷物类及其加工副产品等杂质。

⑤质量指标及分级标准　以粗蛋白质、粗纤维、粗灰分为质量控制指标，按含量分为三级（表4-4）。

表4-4　饲用大豆粕分级标准

质量指标	一　级	二　级	三　级
粗蛋白质（%）	≥44.0	≥42.0	≥40.0
粗纤维（%）	<5.0	<6.0	<7.0
粗灰分（%）	<6.0	<7.0	<8.0

注：1. 所有质量指标含量均以87%干物质为基础计算；2. 二级为中等质量，三级以下为等外，一项不合格，应降一级

⑥使用比例　大豆粕在猪饲料中的添加量，应根据不同阶段营养需要，使用比例为10%～25%。大豆粕在仔猪饲料中用量过大，易引起仔猪腹泻，应使用多种蛋白来源满足仔猪

对蛋白质的需要。

⑦加工要求　粉碎粒度可参考饲料用玉米。

(2)饲料用花生粕

①饲料特性　花生粕含有较高的蛋白质,适口性好,但粗蛋白质量比大豆粕略差。花生粕含油脂较高,如果含水量较高时,易被黄曲霉等霉菌污染;油脂被氧化后易变质,影响适口性。因此,在饲料配制时,宜使用新鲜的花生粕。

②感官性状　碎屑状,呈色泽新鲜一致的黄褐色或浅褐色,无发酵、霉变、虫蛀、结块及异味异嗅。

③水分　不得超过12%。

④夹杂物　不得掺杂任何花生粕以外的物质。选择时可用口嚼检查有无掺沙和花生壳粉,最终判定以化验结果为准。

⑤质量指标及分级标准　以粗蛋白质、粗纤维、粗灰分为质量控制指标,按含量分为三级(表4-5)。

表 4-5　饲用花生粕分级标准

质量指标	一　级	二　级	三　级
粗蛋白质(%)	≥51.0	≥42.0	≥37.0
粗纤维(%)	<7.0	<9.0	<11.0
粗灰分(%)	<6.0	<7.0	<8.0

注:1. 所有质量指标含量均以88%干物质为基础计算;2. 在分级中必须三项指标全部符合相应级,才可定级,如某一项不符合,应降一级;二级饲料用花生粕为中等质量标准,低于三级则属于等外品

⑥使用比例　花生粕一般作为饲料蛋白质的补充来源,替代部分大豆粕,建议使用比例为5%～10%。同时要补充赖氨酸,以使氨基酸平衡。

⑦加工要求　粉碎粒度建议在0.8毫米左右。

(3)棉籽粕

①饲料特性　棉籽粕粗蛋白质与赖氨酸的含量都比大豆粕少(含粗蛋白质为32%～42%),消化率也较低。棉籽粕中含有有毒物质——棉酚,其含量为1%～1.7%。大量使用会导致猪发生中毒。棉酚对公猪生精细胞有毒害作用,可造成不育,对母猪卵巢发育有明显抑制作用,不宜大量使用。

②感官性状　本品呈浅黄褐色至浅黄色粉末或小块状,允许有少量棉绒和棉籽壳,可根据壳、绒多少,初步判断其质量。本品应无发酵、霉变、结块、虫蛀及异味异臭。

③水分　不得超过12%。

④夹杂物　不得掺杂任何棉籽粕以外的物质。

⑤质量指标　优质棉籽粕含绒和棉籽壳较少,粗蛋白质应在40%以上,粗纤维小于10%,粗灰分小于6%。

⑥使用比例　棉籽粕可作为蛋白质的补充来源,替代部分大豆粕蛋白质,使用比例建议在肥育猪配合料中不高于5%,不宜在种公猪和种母猪饲料中使用。使用时要补充赖氨酸。

(4)菜籽粕

①饲料特性　菜籽粕是油菜籽提取油脂后的副产品。菜籽(饼)粕中含有硫葡萄糖苷、芥子苷、芥酸、单宁等有毒有害成分。不宜在配合料中添加量过大。

②感官性状　黄色或浅褐色,碎片或粗粉状,具有菜籽粕的香味,无发酵、霉变、结块、虫蛀及异味异臭。

③质量指标　合格产品水分不得超过12%,粗蛋白质不低于33%。

④使用比例　菜籽粕可作蛋白质的补充来源,替代部分大豆粕蛋白质。建议种猪与仔猪不超过日粮的3%,肉猪不超过6%,同时要补充赖氨酸。

(5)鱼粉

①饲料特性　鱼粉是一种优良的动物性蛋白质饲料，由鱼类及鱼类加工副产品经熟化、压榨、脱脂等工艺加工而成。其粗蛋白质含量为45%～70%。赖氨酸、蛋氨酸含量高，所含磷均为可利用磷；碘、锌、硒和食盐含量较多；鱼粉含有丰富的B族维生素和未知营养因子，对动物生长有明显的促进作用。

②外观性状　纯鱼粉一般为黄棕色或黄褐色，依鱼品种而有差别。具有蒸烤过的鱼肉香味，并稍带有鱼油味。呈粉状，含有鱼的鳞片、骨片等。处理良好的鱼粉均有可见的鱼肉丝。优质鱼粉应具有新鲜的外观，不得有酸败、氨臭等腐败味。鱼粉是价格较高的饲料原料，约为大豆粕价格的3倍。在选择时，应防止产品掺假。掺假类型有掺入棉籽饼粉、海草粉、羽毛粉、皮革粉、尿素等。应仔细检查肉丝质地以及鱼鳞、鱼骨的比例是否正常。但最终要根据化验鱼粉中氨基酸的结果判断是否合格。

③质量指标及分级标准　见表4-6。

表4-6　鱼粉分级标准

质量指标	一　级	二　级	三　级
颜　色	黄棕色	黄褐色	黄褐色
气　味	具有鱼粉正常气味，无异嗅和焦灼味		
粗蛋白质(%)	≥55	≥50	≥45
粗脂肪(%)	<10	<12	<14
水分(%)	<12	<12	<12
盐分(%)	<4	<4	<5
沙分(%)	<4	<4	<5

④使用比例　鱼粉原料来源受多种因素限制，几十年来，价格一直呈上涨态势，其价格、营养均比较高，应尽量少用或不用。可在仔猪料中使用3%～5%，中猪和大猪料使用比例建议在0.5%～1%。

(6)乳产品　乳产品主要有全脂奶粉、脱脂奶粉和乳清粉。这些产品品质优良，适口性好，并能促进仔猪的采食，有利于提高仔猪消化道健康。但因其价格昂贵，用量受到限制。最常用的是乳清粉，一般在乳猪饲料中使用，用量为3%～15%。

3. 矿物质饲料　主要包括含磷、钙、钠、氯的矿物质饲料。

(1)饲料用磷酸氢钙

①饲料特性　本品由磷矿石经加工处理而成，主要用作猪饲料中磷和钙的补充源。使用时应注意其钙、磷含量和有毒元素的含量(表4-7)。

表4-7　饲用磷酸氢钙质量标准

指标名称	指　标
磷(P)含量	≥16.0
钙(Ca)含量	≥21.0
砷(As)含量	≤0.003
重金属含量(以Pb计)	≤0.002
氟化物含量(以F计)	≤0.18
细度(通过W=400微米试验筛)	≥95

②使用比例　根据基础配方钙、磷含量计算结果和本品的钙、磷含量，再计算出本品的需要量。在配合饲料中的使用比例在1%～2%。

(2)石粉　是由石灰石矿石加工而成的细粉状物质，主要成分为碳酸钙,一般含钙量在35%～39%。在配合饲料中用来补充基础配方中钙的不足。在卫生指标与粒度方面参考磷酸氢钙。

(3)食盐　主要成分为氯化钠,用以补充基础配方中钠和氯的不足。一般应选用食用级精盐。

4. 饲料添加剂　饲料添加剂一般是指在饲料中添加量较少有营养、保健、改善或保持饲料质量的成分。包括营养性的、非营养性的饲料添加剂。

(1)营养性添加剂

①微量矿物质添加剂　也称之为微量元素。微量元素种类包括铁、铜、锰、锌、钴、硒、碘等,主要由这些元素的化合物提供。微量元素的原料应为饲料级的矿物质原料。大型猪场如果自行配制1%预混料,可选用商品复合微量元素预混料。

②维生素添加剂　复合维生素预混料由各种饲料级维生素原料及抗氧化剂、载体混合而成。大型猪场如自行配制1%预混料可选用复合维生素预混料。

③氨基酸添加剂　主要有商品赖氨酸盐酸盐、蛋氨酸和苏氨酸。可根据基础配方的氨基酸计算结果,添加氨基酸添加剂进行氨基酸平衡。

(2)非营养添加剂

①防霉剂　如丙酸钙,用于添加在含水量偏大的饲料中,防止发霉。

②抗氧化剂　如乙氧基喹啉,用于添加于饲料中,防止饲料中的不饱和脂肪酸、维生素氧化。

③香味剂、甜味剂　如乳猪香、甜味素用于改善饲料气味和口味,诱导仔猪采食。主要添加于仔猪饲料中。

④药物制剂　抗寄生虫药物、抗生素用于促进健康、降低

应激、改善饲料报酬、防止疾病。

(二)饲料的加工、贮藏与运输

1. 饲料的加工 饲料加工是通过对各种原料的处理和按比例混合加工，达到适合猪采食的配合饲料。

(1)配方设计 配方设计是专业性较强的工作，对设计者从畜牧、营养及饲料学等方面均有相当高的要求。因此，配方设计一般情况下并不是猪场的工作内容。可由专家根据原料状况，对不同生长、生理阶段的猪群分别设计预混料和全价配合料配方。购买商品预混料的猪场应按照厂家提供的预混料使用说明的推荐配方配制饲料。如果使用浓缩饲料，则使用更简单，只需按浓缩料使用说明与粉碎后的大宗能量饲料原料混合均匀即可用于饲喂。如果猪场技术人员有一定的饲料学、营养学知识，可根据原料状况、饲喂效果，对专家或厂家提供的配方作适当的调整。

猪场一方面要对饲料种类及配方进行管理，建立配方档案，另一方面要不断从饲料使用中获得应用效果的信息，并及时反馈给猪场技术人员或专家。所有饲料种类必须进行明显标识，并严格按配方设计的对象饲喂目标猪群，不可互相借用、替代。

(2)饲料加工生产

①原料选择与称量 根据设计配方及每批饲料的加工量，计算出生产配方，认真检查各种原料的质量，合格者方可用于生产，按生产配方用量逐一称量，核对后再进行加工。

②原料粉碎 需要粉碎的原料经粉碎机粉碎后进入混合设备，粉碎粒度应符合相关要求。如大猪饲料粒度为0.8毫米左右，小猪为0.4毫米左右。

③混合 不需要粉碎的原料可直接提升到混合设备中，与

粉碎后的原料一起进行混合。如某一原料用量很小，最好设计到预混料中或与部分原料预混后再与大宗原料一起混合。如果在饲料中添加油脂，应先将油脂加热，并用喷油装置将油脂均匀喷洒在正在混合的原料上，以防止结团、粘壁、混合不匀。混合时间应与设备设计的混合时间相一致。混合时间过短则会因混合不均匀导致营养不平衡，甚至造成中毒；混合时间过长，容易引起饲料发热和再分离，也会造成饲料质量降低。

④制粒　制粒有利于改善饲料的能量的可利用性和安全性，饲料在运输过程中不会发生成分分离，适合猪的采食。但制粒会明显增加加工成本。因此，一般情况下，颗粒饲料只用于仔猪。制粒过程除上述加工程序外，还增加了蒸汽调质、模板与辊强压，饲料通过模板、切短、风冷却等工序。先进的制粒机组从饲料原料称量到包装形成流水作业，效率很高。

⑤青绿多汁饲料的加工　空怀、后备及哺乳母猪饲喂青绿饲料，有利于促进发情和泌乳。青绿多汁饲料在饲喂前应洗净，用粉碎设备打碎或打浆。

2. 饲料的贮藏和运输

(1)饲料的包装与标识　饲料包装的目的是方便识别、贮存和运输。粉状、粒状饲料一般用带内衬的编织袋或覆膜编织袋包装，预混合饲料一般用复合防潮牛皮纸袋包装。包装上应标识出产品名称、对象、使用阶段、生产日期、保质期等。如为商品饲料，则应按照国家包装及标签规定进行标识，猪场不得使用没有正规标识的饲料产品。因为一旦饲料出现质量问题，将无法进行责任界定。

(2)饲料贮藏　饲料生产或购买后，都要经过贮藏过程，贮藏环境的物理条件会对饲料的质量产生影响。因此，必须采用正确的贮藏方法。

①防晒防淋 一般情况下饲料不可在仓库外、室外贮藏，以避免饲料受到外界气候的影响。成品饲料即使短时间在阳光下暴晒，也会使维生素受到破坏。贮藏于室内的饲料也要避免阳光从门窗处射在饲料上。仓库贮存中应保证雨水不会从屋顶、门窗淋入室内的饲料上。

②保持干燥 饲料中的微量组分可以从空气中吸取水分而使其表面形成一层水膜，发生溶解及化学反应。其效价的损失率还往往随着空气中或饲料中水分的增加而增加。另外，高水分还会引起霉菌在饲料中大量繁殖。因此，要严格控制饲料原料的含水量，通常水分应控制在13%以下为宜。另外，饲料保存时要保持通风，相对湿度控制在65%以下为宜。

③保持低温 饲料中的很多活性成分在低温下表现较为稳定。但当环境温度升高时，尤其是饲料中含水量较高和暴露于空气中时，这些不稳定的活性成分会逐渐失去活性。尤其是夏季高温。因此，在饲料贮藏过程中，应尽可能保持仓库的通风和凉爽。

④贮存时间不宜过长 饲料贮存过程中，不可能完全避免其接触空气、保持极低温度，饲料中的活性成分的效价会逐渐降低。因此，饲料尤其是各种预混料产品，最好能够在短期内用完，尤其是维生素预混料贮存时间越短越好。

⑤加入保持饲料品质的添加剂 含水量较高的饲料、在高湿季节生产的饲料，如果贮存期较长，应加入防霉剂(如丙酸、丙酸钙或丙酸钠等)和抗氧化剂(如乙氧基喹啉)等。

(3)运输 饲料在运输过程中，应考虑到路途的远近、沿途有无暂停地点和运输期间的天气状况。尽可能避免在恶劣天气运输饲料。饲料装车后，不管天气如何，都应加盖防雨布，并保证在下雨时，不会有雨水淋入车内的饲料上。同时要做好饲料供应计划，保证有一定库存缓冲。入冬可能冰雪封路或汛季易发生冲毁桥梁造成交通中断的猪场，应尽早做好贮备，并在好天气及时备货。夏季中途停车应尽可能把车停在树荫下，并尽量缩短停车时间。

(三)饲料的卫生标准与卫生质量控制

1. 饲料的卫生标准　饲料的卫生标准是饲料饲用的安全保证。从维护家畜健康、生产性能和畜产品的食用安全出发，对饲料中的各种有毒有害物质以法律形式规定了限量要求。饲料中的有机、无机以及微生物等有毒有害物质的含量对所饲养动物的健康、福利、生产性能产生极大的影响，这些有毒有害物质还会通过食物链进入食品对人类产生危害。

(1)饲料中的有毒有害物质

①植物毒素和动物毒素　植物毒素是指饲料作物在生长发育过程中自然产生的一些有毒有害物质及其抗营养因子。一些饲料含有一种或多种有毒有害物质，如植物性饲料中的生物碱、氰糖体、皂苷、棉酚、单宁、植酸、蛋白酶抑制剂及有毒的硝基化合物。动物毒素包括动物性饲料中的组胺、抗硫胺素等。这些毒素轻者可降低饲料的消化率，重者可引起急慢性中毒，同时能进入畜产品中对人类造成潜在威胁。

②饲料作物生长过程中的毒素污染　是指当土壤中某些重金属元素富集或受到工业三废污染时，它们含有的有机磷、氯、氮、砷和重金属汞、铅等会严重污染土壤、水源与空气，饲料作物在生长过程中，可能富集土壤中的重金属元素。

③饲料生产加工中的毒素污染　饲料原料在生产、加工、贮藏过程中被污染的一些重金属离子及其通过生物链富集而进入饲料中的一些有机氯、有机磷农药、二恶英类物质及其他

高分子有毒物质。

④违禁添加药物　是指饲料生产中加入的一些违禁药物以及未按规定使用的药物。我国饲料法明确规定了可用于动物的 17 种驱虫药和 11 种抗生素，同时规定了药物的最低、最高使用量，停药期与配伍禁忌。

⑤有毒微生物及其代谢产物　是指饲料在加工、贮存和运输过程中产生的有毒微生物及其代谢产物。这样的微生物主要有曲霉菌、青霉菌、镰刀霉菌等，特别是黄曲霉菌对饲料原料造成的污染成为原料保存中重点关注的问题。尤其夏季高温高湿的环境，玉米、豆粕、小麦麸都很容易滋生黄曲霉菌，产生刺激性气味，营养价值和适口性都下降。

⑥沙门氏菌、大肠杆菌等致病微生物　这些微生物常常存在于动物性饲料中，可通过饲料使猪肠道感染致病，可能发生外毒素中毒，而且污染畜产品，直接威胁到人类健康。

(2)饲料卫生质量指标　国家对饲料的卫生指标做出了相应的规定，并要求饲料生产者必须执行。具体卫生指标见表 4-8。

表 4-8　饲料及添加剂卫生指标

卫生指标项目	产品名称	指标	试验方法	备　注
砷(以总砷计)的允许量(每千克产品中)，毫克	石粉	≤2.0	GB/T 13079	不包括国家主管部门批准使用的有机砷制剂中的砷含量
	硫酸亚铁、硫酸镁			
	磷酸盐	≤20		
	沸石粉、膨润土、麦饭石	≤10		
	鱼粉、肉骨粉	≤10		
	猪配合饲料	≤2		以在配合饲料中20%的添加量计
	猪浓缩饲料	≤10		

续表 4-8

卫生指标项目	产品名称	指标	试验方法	备注
铅的允许量（每千克产品中），毫克	猪配合饲料	≤5	GB/T 13080	
	骨粉、肉骨粉、鱼粉、石粉	≤10		
	仔猪、生长肥育猪复合预混合饲料	≤40		以在配合饲料中1%添加量计
氟的允许量（每千克产品中），毫克	鱼粉	≤500	GB/T 13083	
	石粉	≤2000		
	猪配合饲料	≤100		
	骨粉、肉骨粉	≤1800		
	猪、禽添加剂预混合饲料	≤1000		以在配合饲料中1%添加量计
	磷酸盐	≤1800	HG 2636	
铬的允许量（每千克产品中），毫克	皮革蛋白粉	≤200	GB/T 13088	
	猪配合饲料	≤10		
汞的允许量（每千克产品中），毫克	鱼粉	≤0.5	GB/T 13081	
	石粉	≤0.1		
	猪配合饲料			
氰化物的允许量（每千克产品中），毫克	木薯干	≤100	GB/T 13084	
	猪配合饲料	≤50		
亚硝酸盐的允许量（每千克产品中），毫克	鱼粉	≤60	GB/T 13085	
	猪配合饲料	≤15		

续表 4-8

卫生指标项目	产品名称	指标	试验方法	备注
游离棉酚的允许量(每千克产品中),毫克	棉籽饼(粕)	≤1200	GB/T 13086	
	生长肥育猪配合饲料	≤60		
异硫氰酸酯的允许量(每千克产品中),毫克	菜籽饼(粕)	≤4000	GB/T 13087	
	生长肥育猪配合饲料	≤500		
DDT 的允许量(每千克产品中),毫克	米糠、小麦麸、大豆饼(粕)	≤0.05	GB/T 13090	
	鱼粉			
	猪配合饲料	≤0.4		
霉菌的允许量(每克产品中),霉菌数(千个)	玉米	≤40	GB/T 13092	限量饲用:40～100,禁用:>100
	小麦麸、米糠			限量饲用:40～80,禁用:>80
	大豆饼(粕)、棉籽饼(粕)、菜籽饼(粕)	≤50		限量饲用:50～100,禁用:>100
	鱼粉、肉骨粉	≤20		限量饲用:20～50,禁用:>50
	猪的配合饲料、浓缩饲料	≤45		
黄曲霉毒素允许量(每千克产品中),微克	玉米	≤50	GB/T 17480 或 GB/T 8381	
	花生饼(粕)、棉籽饼(粕)、菜籽饼(粕)			
	豆粕	≤30		

续表 4-8

卫生指标项目	产品名称	指标	试验方法	备注
黄曲霉毒素允许量(每千克产品中),微克	仔猪配合饲料及浓缩饲料	≤10	GB/T 17480 或 GB/T 8381	
	生长肥育猪、种猪配合饲料及浓缩饲料	≤20		
沙门氏菌	饲料	不得检出	GB/T 13091	
细菌总数允许量(每克产品),细菌总数(百万个)	鱼粉	＜2	GB/T 13093	限量饲用:2～5,禁用:＞5

注:1.所列允许量均为以干物质含量为88%的饲料为基础计算。2.浓缩饲料、添加剂预混合饲料添加比例与本标准不同时,其卫生指标允许量可进行折算

2. 饲料的卫生质量控制

(1)饲料中砷、铅、汞、铬、镉、氟的控制　尽量避免使用被重金属元素污染严重地区的饲料原料,对重金属元素含量较高的饲料要限制用量,磷酸盐、骨粉含量较高时应限制其在日粮中的比例。

(2)饲料中亚硝酸盐的控制　青绿饲料诸如白菜、油菜、荠菜、萝卜叶、菠菜、苋菜、野菜等,经过长时间堆积后还原菌大量繁殖,将菜内硝酸盐还原成亚硝酸盐,从而引起猪只中毒。

为预防中毒,上述瓜菜类最好切碎、打浆后生喂,堆积发热蔬菜不得用来喂猪,不得用煮菜汤水及熟菜喂猪。当日粮中亚硝酸盐含量高时,可在日粮中添加尿素或醋酸,以减缓亚硝酸盐的毒性。

(3)饲料中霉菌及其毒素的控制　饲料因含水量偏高,或贮藏不当,很容易滋生霉菌,并产生霉菌毒素,这种饲料不能

用来喂猪。

为防止霉变，应控制饲料原料的含水量、控制饲料加工过程中的水分和温度。还要注意饲料产品的贮存和运输中防止淋雨、受潮。饲料应尽量干燥，并保存于通风干燥处。也可在饲料中添加防霉剂，防止其发霉。

如果已经发生严重霉变，必须全部废弃。如果是因部分受潮而霉变，并且霉变不严重，可将霉变结块部分及其周围的饲料拣出，其他部分经确认饲料质量在允许范围内，可用于与其他正常饲料混合饲喂上市前的猪只。

(4)饲料中有害细菌的控制　对饲料中沙门氏菌的防治应从饲料原料的生产、贮运、到饲料的加工、生产运输、贮藏直至饲喂动物各个环节入手。要防止饲料被灰尘、粪便、昆虫、鼠类等所携带的外源性有害细菌污染，还要阻止饲料或饲料原料自身的细菌繁殖。可以通过热处理有效地把沙门氏菌从饲料中除去。此外，在饲料中添加有机酸可杀灭饲料中常见的有害细菌。

(5)棉、菜籽饼(粕)毒素控制与合理利用　棉籽饼(粕)中含有棉酚，菜籽饼(粕)中含有硫葡萄糖苷，这些毒素不仅对猪有害，而且可在猪肉中残留。因此，棉、菜籽饼(粕)应进行脱毒处理，未脱毒的应限制其用量。

二、猪的饲养标准及饮水标准

(一)饲养标准

猪的饲养标准又叫猪的营养需要，它是猪在不同生产、生理状态下关于各种营养需要的试验总结，是制作猪饲料配方的动物营养学基础。猪的科学饲养离不开饲养标准，而标准化饲养也是养猪生产现代化的重要标志之一，也是提高养猪生产水平和发挥经济效益的重要手段。饲养标准规定了各类猪在一定生产水平下，能量和营养物质的最低供给量，每类猪都规定两个标准：一是日粮标准，规定每头猪每日要饲喂多少风干饲料，其中包含多少能量、蛋白质、矿物质和维生素；二是饲粮标准，规定每千克饲粮中含有多少能量、蛋白质、矿物质和维生素。饲养标准也只是猪对营养物质大致或平均的需要量，随着饲养营养科学的发展，还需要不断充实、完善和修改。这里列出了 2004 年我国新制定的各个阶段猪的饲养标准，如表 4-9 至表 4-13 所示。

表 4-9　种公猪每千克饲粮养分需要量　（88%干物质）

项　　目	养分含量
饲粮消化能含量(DE,兆焦/千克)	12.95
饲粮代谢能含量(ME,兆焦/千克)	12.45
消化能摄入量(DE,兆焦)	28.49
代谢能摄入量(ME,兆焦)	27.39
风干日粮采食量(千克/日)	2.2
粗蛋白质(CP,%)	13.50
赖氨酸(%)	0.55
蛋氨酸(%)	0.15
蛋氨酸+胱氨酸(%)	0.38
色氨酸(%)	0.11
苏氨酸(%)	0.46
钙(%)	0.70
总磷(%)	0.55
有效磷(%)	0.32
钠(%)	0.14
氯(%)	0.11

注：种公猪需要量的制定是以每日采食量 2.2 千克饲粮为基础，采食量需根据公猪的体重和膘情进行调整

表 4-10 瘦肉型妊娠母猪每千克饲粮养分含量 （88%干物质）

妊娠期	妊娠前期			妊娠后期		
配种体重(千克)	120～150	150～180	>180	120～150	150～180	>180
预期窝产仔数(头)	10	11	11	10	11	11
采食量(千克/日)	2.10	2.10	2.00	2.60	2.80	3.00
饲粮消化能含量(DE,兆焦/千克)	12.75	12.35	12.15	12.75	12.55	12.55
饲粮代谢能含量(ME,兆焦/千克)	12.25	11.85	11.65	12.25	12.05	12.05
粗蛋白质(CP,%)	13.0	12.0	12.0	14.0	13.0	12.0
赖氨酸(%)	0.53	0.49	0.46	0.53	0.51	0.48
蛋氨酸(%)	0.14	0.13	0.12	0.14	0.13	0.12
蛋氨酸+胱氨酸(%)	0.34	0.32	0.31	0.34	0.33	0.32
色氨酸(%)	0.10	0.09	0.09	0.10	0.09	0.09
苏氨酸(%)	0.40	0.39	0.37	0.40	0.40	0.38
钙(%)	0.68					
总磷(%)	0.54					
有效磷(%)	0.32					
钠(%)	0.14					
氯(%)	0.11					

表 4-11　瘦肉型泌乳母猪每千克饲粮养分含量　（88%干物质）

分娩体重(千克)	140～180		180～240	
泌乳期体重变化(减轻,千克)	0.0	10.0	7.5	15
哺乳窝仔数(头)	9	9	10	10
采食量(千克/日)	5.25	4.65	5.65	5.20
饲粮消化能含量(DE,兆焦/千克)	13.80	13.80	13.80	13.80
饲粮代谢能含量(ME,兆焦/千克)	13.25	13.25	13.25	13.25
粗蛋白质(CP,%)	17.5	18.0	18.0	18.5
赖氨酸(%)	0.88	0.93	0.91	0.94
蛋氨酸(%)	0.22	0.24	0.23	0.24
蛋氨酸+胱氨酸(%)	0.42	0.45	0.44	0.45
色氨酸(%)	0.16	0.17	0.51	0.53
苏氨酸(%)	0.56	0.59	0.58	0.60
钙(%)	0.77			
总磷(%)	0.62			
有效磷(%)	0.36			
钠(%)	0.21			
氯(%)	0.16			

表 4-12　瘦肉型生长肥育猪每日每头养分需要量

（自由采食，88%干物质）

体重（千克）	3～8	8～20	20～35	35～60	60～90
平均体重（千克）	5.5	14.0	27.5	47.5	75.0
日增重（千克）	0.24	0.44	0.61	0.69	0.80
采食量（千克）	0.30	0.74	1.43	1.90	2.50
饲料/增重	1.25	1.59	2.34	2.75	3.13
饲粮消化能含量（DE，兆焦/千克）	4.21	10.06	19.15	25.44	33.48
饲粮代谢能含量（ME，兆焦/千克）	1.04	9.66	18.39	24.43	32.15
粗蛋白质（CP，克）	63	141	255	312	363
赖氨酸（克）	4.3	8.6	12.9	15.6	17.5
蛋氨酸（克）	1.2	2.2	3.4	4.2	4.8
蛋氨酸＋胱氨酸（克）	2.4	4.9	7.3	9.1	10.0
色氨酸（克）	0.8	1.6	2.3	2.9	3.3
苏氨酸（克）	2.8	5.6	8.3	10.6	12.0
钙（克）	2.64	5.48	8.87	10.45	12.25
总磷（克）	2.22	4.29	7.58	9.12	10.75
有效磷（克）	1.62	2.66	3.58	3.80	4.25
钠（克）	0.75	1.11	1.72	1.90	2.50
氯（克）	0.75	1.11	1.43	1.71	2.00

表 4-13　瘦肉型生长肥育猪每千克饲粮养分含量

（自由采食，88%干物质）

体重(千克)	3～8	8～20	20～35	35～60	60～90
平均体重(千克)	5.5	14.0	27.5	47.5	75.0
日增重(千克/日)	0.24	0.44	0.61	0.69	0.80
采食量(千克/日)	0.30	0.74	1.43	1.90	2.50
饲料/增重	1.25	1.59	2.34	2.75	3.13
饲粮消化能含量(DE,兆焦/千克)	14.02	13.60	13.39	13.39	13.39
饲粮代谢能含量(ME,兆焦/千克)	13.46	13.06	12.86	12.86	12.86
粗蛋白质(CP,%)	21.0	19.0	17.8	16.4	14.5
赖氨酸(%)	1.42	1.16	0.90	0.82	0.70
蛋氨酸(%)	0.40	0.30	0.24	0.22	0.19
蛋氨酸＋胱氨酸(%)	0.81	0.66	0.51	0.48	0.40
色氨酸(%)	0.27	0.21	0.16	0.15	0.13
苏氨酸(%)	0.94	0.75	0.58	0.56	0.48
钙(%)	0.88	0.74	0.62	0.55	0.49
总磷(%)	0.74	0.58	0.53	0.48	0.43
有效磷(%)	0.54	0.36	0.25	0.20	0.17
钠(%)	0.25	0.15	0.12	0.10	0.10
氯(%)	0.25	0.15	0.10	0.09	0.08

（二）饮水标准

水的质量影响猪的饮水量、饲料消耗和健康。水中可能存在一些对猪有害的物质和微生物（包括细菌和病毒）。美国国家事务局（1973）建议，对家畜的饮用水，每 100 毫升水的大肠杆菌数应不多于 5 000 个。另外，水的 pH 值、水的硬度以及水中硝酸盐的浓度都会对猪的生长造成影响。表 4-14 中列出了家畜饮用水的质量标准。

表 4-14 家畜饮用水的质量标准

名称		推荐最大值(毫克/升)	
		TFWQG(1987)	NRC(1974)
常量离子	钙	1000	—
	硝酸盐氮及亚硝酸盐氮	100	440
	亚硝酸盐氮	10	33
	硫酸盐	1000	—
重金属离子和微量元素离子	铝	5.0	—
	砷	0.5	0.2
	铍	0.1	—
	硼	5.0	—
	镉	0.02	0.05
	铬	1.0	1.0
	钴	1.0	1.0
	铜	5.0	0.5
	氟化物	2.0	2.0
	汞	0.003	0.01
	钼	0.5	—
	镍	1.0	1.0
	硒	0.05	—
	铀	0.2	—
	钒	0.1	0.1
	锌	50.0	25.0

三、猪的饲养

(一)种公猪的饲养

1. 种公猪的饲养目标　保持合适的膘情、良好的体质体型、旺盛的性欲、持续的配种能力。

2. 种公猪的饲料　种公猪的饲料总体要求是体积小、营养全面。要注意补充赖氨酸、钙、磷、锌、硒、维生素 E 等营养成分,这些营养成分对公猪的生育能力影响较大。最好在公猪饲料中添加鱼粉等优质动物性蛋白质饲料,有利于平衡营养,提高其性功能。严禁霉变饲料用作公猪饲料,公猪饲料中应添加 1 个推荐剂量的防霉剂。种公猪典型饲料配方见表 4-15。

表 4-15　种公猪典型饲料配方　(%)

使用阶段	玉米	麦麸	豆粕	鱼粉	石粉	磷酸氢钙	盐	预混料
种公猪	66	12	16	2	1.6	1	0.4	1

注:配方的粗蛋白质水平为 15.5%

3. 种公猪的饲喂　种公猪饲喂总的原则是看膘加料,始终保持中等膘情。后备公猪应在 90 千克以后开始限制饲喂,避免过肥,以保证性功能的正常发育。种公猪的精料喂量一般每天 2.5～3 千克,日喂 2 次。可根据公猪的膘情、体重、年龄、季节作上下 0.5 千克的调整。如果有条件,每天可喂给 2～3 千克的青绿饲料以补充胡萝卜素和维生素 E 等营养。配种期间,应喂给 15%粗蛋白质饲料,并保证充足的维生素、微量元素、矿物质。如果配种频率较高或进行人工授精,每天可喂给 1～2 个生鸡蛋。猪是易肥的动物,饲喂上应控制喂量，过肥会使其性欲减退，并且过于笨重影响配种。

有些猪场为避免公猪限饲产生饥饿感，而在精料中掺入大量的粗饲料粉，以增大饲料的体积。这种做法不可取，因为大量采食饲料可造成草腹(大肚子)，影响公猪的配种能力。

4. 饮水 用饮水器持续供应清洁饮水。应注意避免因天气寒冷造成水管冻结，使公猪长期不能饮水。夏季尽可能使公猪饮到清凉的饮水，以防暑降温。

(二)后备母猪及空怀母猪的饲养

1. 饲养目标

(1)后备母猪的饲养目标 发育早期应尽可能保证其最大的增重速度，至 90 千克后，应根据膘情进行限制饲喂，配种前进行加料催情，确保 80%以上的后备母猪能正常发情。

(2)空怀阶段母猪的饲养目标 观察断奶母猪的回乳情况，及时加料，促进膘情恢复，促进母猪的发情，使空怀母猪的发情率达 90%以上。

2. 后备母猪及空怀母猪的饲料 空怀母猪建议饲喂妊娠后期饲料，饲料中的钙、磷水平应较高，并保证充足的维生素、微量元素。后备母猪日粮应含有 15%的粗蛋白质、0.95%的钙和 0.65%的磷，配种前 10～14 天建议在后备母猪的配合饲料中另外添加 3%的鱼粉，用于配种前的优饲。严禁用霉变饲料饲喂母猪，并在饲料中添加 1 个推荐剂量的防霉剂。

3. 后备母猪及空怀母猪饲喂

(1)后备母猪的饲喂 后备母猪应控制在 3 分膘情上，不宜过肥，如果膘情超过 4 分，应控制喂料量。或采用每周停喂 1 天的方法控制采食量。

后备母猪在配种期间进行优饲，有利于促进母猪的发情和多排卵,从而提高初产母猪的窝产仔数。优饲体现在两个方面:一个是质量,应在饲料中添加一定量的优质动物性蛋白质饲料,以提高饲料中蛋白质的质量;另一个是数量,在优饲期间,增大日喂量,从原来的 2.5 千克,增加至 3 千克。优饲的时间是在配种前 10～14 天开始至配种。可根据发情记录,在第二次发情 1 周后进行优饲。配种后母猪的日喂量应调整至 2 千克左右,不必再添加鱼粉等动物性蛋白质。

(2)空怀母猪的饲喂　刚刚断奶的母猪,应根据其回乳情况喂料,如果乳房开始变软,无红、热、肿、漏奶等现象,就可加料,因为大部分空怀母猪较瘦,应逐步增大喂料量。但多数母猪不能依靠空怀期恢复膘情,因为断奶后母猪很快就会发情。如果母猪发情时膘情不足 2.5 分,就需要错过 1 个发情期才能配种,应在下一个情期中加料复膘,但不要使母猪过肥。

空怀母猪应根据膘情确定喂料量,1 分膘喂量:1.5～3 千克/日;2 分膘喂量:3 千克/日;3 分膘喂量:2.5 千克/日;4 分膘喂量:2 千克/日;5 分膘喂量:1.5 千克/日。

4. 饮水　持续供应清洁饮水。防止水管冻结,造成供水中断。

(三)妊娠母猪的饲养

1. 妊娠母猪的饲养目标　根据母猪的年龄、胎次、膘情和季节调整日喂料量,保持妊娠母猪适当的膘情,产前膘情应达到 4 分膘。窝产活仔 10 头以上,仔猪初生平均重应达 1.2 千克以上,理想水平为 1.3 千克以上。

2. 妊娠母猪的饲料　妊娠母猪的饲料营养建议略高于饲养标准,妊娠前期粗蛋白质不低于 13%,后期不低于 14%。

如果有条件,可每天添加1～2千克青绿多汁饲料。严禁用霉变饲料饲喂母猪,并在饲料中添加1个推荐剂量的防霉剂。妊娠母猪典型饲料配方见表4-16。

表4-16 妊娠母猪典型饲料配方 (%)

使用阶段	玉米	麦麸	豆粕	石粉	磷酸氢钙	盐	预混料	粗蛋白质
妊娠0～85天	64	20	12	1.2	1.4	0.4	1	13.5
妊娠86～107天	62.8	18	15	1.2	1.6	0.4	1	14.5
妊娠108天～分娩	哺乳期饲料							

3. 妊娠母猪饲喂 按妊娠天数(仔猪发育程度)及膘情(膘情评分方法见表4-17)给料,3分膘母猪喂上限,4分膘母猪喂中限,5分膘母猪喂下限。4分膘是妊娠母猪的标准体况。妊娠85天后,4分膘以下的母猪应逐步加料至自由采食。饲喂量见表4-18。

表4-17 猪膘情评分标准

评分	骨盆与尾根	腰部	脊椎	肋骨	背膘厚度(毫米)
1	骨盆骨显著凸出,尾根四周深陷	腰很窄,脊椎横突边缘显著凸出,肋腹显著下陷	整条脊椎显著凸出	肋骨显著凸出	13
2	骨盆骨明显凸出,表面覆有薄层肌肉,尾根周围塌陷	腰窄,脊椎横突边缘覆有很薄的肌肉,肋部较下陷	脊椎明显凸出	肋间隙不明显,不易见到肋骨	15
3	骨盆骨不显露	脊椎横突边缘覆有肌肉而变圆	仅肩部脊柱明显凸出,而后部脊椎不显露	肋骨被脂肪覆盖,但仍可触及	17

续表 4-17

评分	骨盆与尾根	腰　部	脊　椎	肋　骨	背膘厚度（毫米）
4	用力才能触及到骨盆骨，尾部四周无凹陷	用力才能触及脊椎横突边缘	用力才能触及脊椎	肋间隙消失，很难触及肋骨	20
5	触摸不到骨盆骨，尾部周围较丰满	不能触及脊椎横突，肋腹隆圆	触摸不到脊椎	触摸不到肋骨	23
6	触摸不到骨盆骨，大量脂肪沉积，外阴陷入而不显露	腰部覆盖脂肪	脊椎两侧覆盖厚层脂肪，背中线呈浅沟状	覆盖厚层脂肪	25

表 4-18　妊娠母猪日喂饲料量

配种后妊娠天数（天）	经产母猪（千克）	初配母猪（千克）
1～35	1.5～2.0	1.8～2.5
36～70	1.8～2.5	2.0～3.0
71～111	2.5～3.5	3.0～4.0

母猪妊娠后期胃肠蠕动慢，容易发生便秘。应增加青绿饲料的喂量，以保持母猪的粪便正常。如果没有饲喂青绿饲料的条件，可在饲料中适当增加小麦麸的比例（不高于30%），或在饲料中添加人工盐，以防止便秘。产前应逐渐减料，以防止在直肠内秘结的粪便影响分娩。产前减料的方法可根据母猪的膘情，确定减料的幅度。产前母猪仍然日喂2次，4分膘情的母猪在产前3天日喂量3千克，产前2天日喂

量2.5千克，产前1天日喂量1.5～2千克。分娩当天不喂料。

4. 妊娠母猪单栏限制饲喂方式 限制饲养有利于增加胚胎的存活率；减少因母猪过肥造成的分娩困难；降低因仔猪个体发育过大造成的母猪难产；减少乳房炎的发病率；延长母猪使用期。另外，在妊娠期母猪过肥（达到5分膘情），分娩后往往采食量不佳，母猪掉膘严重，泌乳力差，哺乳仔猪生长受影响，断奶后母猪体况不佳，配种困难；而进行适当限饲的母猪，不仅不易发生难产，而且分娩后一般食欲旺盛，泌乳量高，乳汁浓度适宜，仔猪存活率高。这样，妊娠母猪在大部分时间内要进行限制饲喂，群养容易造成采食不均。因此，妊娠母猪最好用限位栏达到一猪一位，以便根据其膘情控制喂料。

5. 饮水 用饮水器供水。冬季应防止母猪饮水温度过低，以免造成流产。

（四）哺乳母猪的饲养

1. 分娩哺乳母猪的饲养目标 护理好哺乳母猪和仔猪，保持母猪良好的食欲，促进母猪多采食，减少哺乳期失重；促进母猪泌乳；正确断奶。母猪断奶时膘情应为2.5～3.5分，理想膘情为3分。

2. 哺乳母猪的饲料 哺乳母猪对饲料的营养要求较高，粗蛋白质水平不低于16%，钙0.9%～1%，磷0.65%～0.7%。夏季母猪采食量不足的情况下，可在饲料中添加脂肪，以提高饲料的能量浓度，粗蛋白质水平应达到17%～18%。高蛋白质有利于缓解由于采食减少而造成的产奶量下降。严禁用霉变饲料饲喂母猪，并在饲料中添加1个推荐剂量的防霉剂。哺乳母猪典型饲料配方见表4-19。

表 4-19 哺乳母猪典型饲料配方 （%）

使用阶段	玉米	麦麸	豆粕	油脂	石粉	磷酸氢钙	盐	预混料	粗蛋白质
凉爽季节	62.7	12	21	—	1.1	1.8	0.4	1	16.2
夏季	60	9	24.6	2	1.1	1.9	0.4	1	17.1

3. 哺乳母猪的饲喂 母猪分娩后哺乳期间体重会下降15%～20%，为了提高泌乳力，防止母猪断奶时过分瘦弱，应当根据母猪的膘情、年龄、泌乳情况，调整喂料量。要注意哺乳母猪日粮的适口性，增加饲喂次数，每顿少喂勤添。如果有条件，每日可喂给 2～3 升的青绿多汁饲料，有利于促进泌乳，提高乳汁质量。

母猪分娩结束后，驱赶母猪站立，并用 3 升温水、细小麦麸 0.5 千克、口服补液盐 15 克、葡萄糖 60 克混成稀料后喂给母猪。4 小时后，可根据母猪食欲情况，加喂少量精料。正常膘情的母猪从分娩第二天饲喂 2.5 千克开始，每日递增0.5～1 千克，1 周左右达到最大喂料量。对于膘情差且食欲好的母猪，加料可适当快些，但应注意观察采食和消化情况，避免加料过快。母猪的最大喂料量可用 1.5＋n×0.5 计算。n 代表母猪所哺乳的仔猪数。例如 1 头带 10 头仔猪的母猪最大喂料量约 1.5＋10×0.5＝6.5 千克。为了保持母猪的食欲，促进母猪多采食，建议哺乳母猪每日喂料 4 次，并用拌湿料饲喂。

4. 饲喂注意事项 每周要对母猪进行一次膘情评分，并根据膘情安排喂料方案。每次喂料前要检查料槽内有无剩料，如果喂料 2 小时后料槽内有极少剩料，说明喂料量适中；如果剩料较多说明喂料量过多，应清除剩料，调整饲喂量；如果料槽被舔得很干净，说明喂料量不足，应适当增加喂料量。

应注意，料槽中有剩料，会降低哺乳母猪的食欲，使采食量减少。

5. 饮水 持续供应清洁饮水。注意夏季供应清凉的饮水，防暑降温。

(五)仔猪的饲养

1. 仔猪的饲养目标 让仔猪及早吃足初乳，及时补料，正确断奶，使仔猪顺利度过断奶适应期。仔猪断奶存活率高于90%。通常将仔猪的饲养分为哺乳仔猪阶段和断奶仔猪阶段。

2. 哺乳仔猪阶段的饲养

(1)*吃足初乳* 仔猪出生后，如果被毛已经干燥，且运动活泼，就可让仔猪哺乳，如果出生仔猪较多，可分两批进行初次哺乳，让先出生的仔猪先哺乳，后出生的仔猪在1.5小时后再哺乳。其主要目的是让仔猪在出生后第一次哺乳时，一次吃足，这样能迅速增加仔猪的抵抗力，有利于提高仔猪的存活率。

(2)仔猪的补料

①补料时间 仔猪在出生后的最初几天中，睡眠占了大部分时间，哺乳次数每日达20次或更多，活动时间很少。出生后5天内给仔猪补料没有效果。5～7天以后仔猪的活动时间增长，探索环境的时间多了，仔猪才会去接触乳猪饲料。所以一般6天前后开始给仔猪补料。但补料过晚，如超过14天，大多数哺乳母猪的泌乳量已经不足，可能会造成仔猪吃料过多引起消化不良。

②乳猪料的特征 乳猪料应含有19%～22%的粗蛋白质，1%的钙和0.65%的总磷。乳猪料的物理特征应为颗粒状、有乳香味、最好有甜味、熟化、松脆，另外还添加酶制剂、有

机酸。这些特征都有利于诱食和促进消化。乳猪料典型配方见表 4-20。

表 4-20　乳猪料典型配方　(%)

原料	玉米	炒小麦	膨化大豆粕	鱼粉	乳清粉	磷酸氢钙	石粉	食盐	预混料	粗蛋白质
配比	52	10	26	3	5	1.7	1	0.3	1	19.7

(3)*教槽方法*　仔猪最初开始"教槽"时,吃进的乳猪料很少,尤其是母乳好的一窝仔猪。所以"教槽"期间应少喂勤添,每天应将当日没有吃完的饲料清除(喂给哺乳母猪),并撒上新鲜乳猪料。如果有条件,可将仔猪关在补料间,让仔猪产生饥饿感,有利于仔猪尽早"认食"。但母仔隔离的时间不宜太长,应注意观察母猪乳房情况,防止因乳房过于臌胀而引起回乳。14 日龄前后仔猪采食乳猪料的量明显增加,这时应每 2～3 个小时观察一次采食情况,以便确定每次的喂料量,避免一次添加量过多。建议每天喂料 6 次。

3. 断奶仔猪阶段的饲养

(1)*断奶过渡期的饲喂*　仔猪断奶后,食物的结构发生了改变,有些不适应的仔猪会拒绝采食乳猪料,但当十分饥饿时又会采食大量的乳猪料;而有些仔猪则当吃不到奶后,就会大量采食乳猪料。结果都会造成胃肠负担增大,导致消化不良。因此,在断奶过渡阶段,第一天,总喂料达到断奶前的一半左右就可以了,以后 3 天可逐步增加喂料量,每天喂料要勤,一次喂料量要少,始终让仔猪采食后,仍有饥饿感。第四至第五天根据仔猪消化情况,达到基本自由采食。

如果仔猪粪便较软,可维持前一天的喂料量,不要急于减料而影响仔猪生长;如遇仔猪粪便呈稀糊状,应立即减料。断奶过渡期所使用的饲料与乳猪料相同。

(2)断奶仔猪饲喂　从仔猪断奶过渡期(断奶后7～14天)至10周龄为保育期(活重10～25千克)。在此阶段除非仔猪群有明显腹泻,断奶过渡期后,不应对仔猪进行限饲。如果改为饲喂断奶仔猪料,应在乳猪料中加入断奶仔猪料,逐步增加后者的比例,5天左右完成更换。断奶仔猪典型饲料配方见表4-21。

表4-21　断奶仔猪典型饲料配方　(%)

原料	玉米	麦麸	膨化大豆粕	鱼粉	乳清粉	磷酸氢钙	石粉	食盐	预混料	粗蛋白质
配比	61	6.2	23	3	3	1.6	0.9	0.3	1	18.7

应注意保持仔猪的食欲。每天喂料为4～6次,喂料时间要固定,每次喂料时应检查料槽内有无剩料。采用喂料后2小时观察的方法判断喂料量是否适当。

4.饮水　从出生后第五天开始持续提供清洁饮水,如仔猪出现腹泻,可将饮水器连接饮水药箱,提供加口服补液盐、葡萄糖和抗生素、维生素的饮水。

(六)生长肥育猪的饲养

1.生长肥育猪的饲养目标　商品肥育猪是养猪生产最终产品,商品猪主要为生长肥育猪。生长肥育猪饲养的目标是早期达到较快生长速度,肌肉得到充分发育,后期控制膘情,防止背膘过厚。上市时达到体型呈流线形,肌肉发达,外观生猛,整齐度高。25～90千克阶段饲料利用率低于2.8。

2.生长肥育猪的饲料　生长肥育猪的饲料要求营养全面,体积小,有充足的蛋白质,能够促进肌肉的充分发育。根据不同阶段的营养要求设计饲料配方。生长肥育猪典型饲料配方见表4-22。

表4-22　生长肥育猪典型饲料配方　(%)

使用阶段	玉米	麦麸	豆粕	石粉	磷酸氢钙	盐	预混料	粗蛋白质
中猪(25～60千克)	62.3	13	21	1	1.6	0.3	1	16.2
大猪(60～100千克)	66	14.8	15.4	1	1.5	0.3	1	14.5

3. 饲喂方式

(1)干粉料饲喂　直接将干粉料放在料槽、自动料槽或地面上饲喂,干粉料方式省工,饲料不易变质,但粉尘较大。在地面上喂料浪费较严重。干粉料饲喂方法适合于大型商品猪场。

(2)拌湿料饲喂　将粉料与水按1∶1～1∶2混合均匀后饲喂,比用干粉料饲喂稍好,但费工,适合于中小规模猪场。

(3)稀料饲喂　将粉料与水按1∶3～1∶4混合后饲喂。此法适合用管道送料的机械化养猪场内使用,其优点是便于机械化作业。喂料次数少于3次,可能会因一次采食过多,导致腹部容积过大,影响商品猪体型。

(4)颗粒料饲喂　颗粒料饲喂方便,浪费少,制粒使饲料进一步熟化,有利于消化吸收,特别适合饲喂乳猪和断奶仔猪。因造价高,加之运输负担大,从经济角度考虑,不适合于肥育猪饲养。

4. 饲喂次数和喂料量　供饲方式不同,饲喂次数也不同。有自动料槽的,1周或2天添1次料即可。在普通料槽及地面上放干粉料饲喂的,中猪阶段(体重25～60千克)1天可喂3次,60千克以后1天喂2次。拌湿料饲喂每天可增加1次喂料。70千克以下生长肥育猪应让其自由采食,肥育猪的日采食量增加至 3 千克时，一般不再增加日喂料量，以防止肥育猪过肥，影响出栏猪等级和饲料利用率。对采取驱虫等保健措施后，仍采食量小的肉猪应及早屠宰。

第五章　猪的管理标准化

管理标准化的主要内容是在了解猪的生物学特性及对环境的要求的基础上，建设符合标准化生产要求的猪舍，根据猪各生长阶段和种猪生理阶段的特点进行管理和环境控制，以确保猪的健康生长和繁殖。

一、猪场建设与环境控制

猪场由猪舍及其他配套设施组成。猪舍控制了猪周围的小气候，并给人提供喂养猪群的方便条件。建造理想的猪场能有效地提高猪的生产力和人的劳动效率，同时又节省投资，为进行效益型、生态型养猪生产打下基础。

（一）猪场设计

正确选择猪场场址并进行合理的建筑规划和布局，是猪场建设的关键，有利于提高养猪生产水平和经济效益。

1. 猪场选址　场址选择应根据猪场的性质（是种猪场还是商品猪场）、规模和任务，考虑场地的地形、地势、水源、土壤、当地气候等自然条件，同时应考虑饲料及能源供应，交通运输，产品销售，与周围工厂、居民点及其他畜禽场的距离，对当地农业生产，猪场粪污就地处理能力等社会条件，进行全面调查，综合分析后再做出决定。

（1）地形地势　猪场场地应选择地势较高、开阔整齐、干燥、平坦、排水良好、背风向阳的地方，且要求有足够的面积。

场址选择时应本着节约用地、不占或少占农田等减少与农争地的原则。建场土地面积应依据猪场的任务、性质、规模和场地的具体情况而定，一般一个年出栏万头肥育猪的大型猪场，基本占地面积不小于30 000平方米为宜。

山区建场，一般选择稍有缓坡的向阳坡地。切忌在山坡、坡底、谷地和风口等处建场，山坡的坡度以1%～3%为宜，最大不超过5%。

平原地区建场，应选择地势稍高的地方。地下水位最好低于地表2米以上，至少比建筑物的基础低0.5米以上。在靠近江河地区，场地应比涨水时的最高水位高1～2米。

商品猪场基本面积可以用下列公式计算：

基础母猪数× 50～60 米^2，或年出栏数× 3 米^2

一个万头猪场的基本面积＝10 000×3＝30 000平方米。

(2)水源水质　猪场的水源要求水量充足，水质良好，符合无公害水质要求，便于取用和进行卫生防护，并易于净化和消毒。可供猪场选择的水源主要有两种，即地下水和地表水。在水污染比较严重的今天，地表水的水质必须要采取一定的消毒处理措施方可使用，防止因饮水而出现疫情。另一方面，如果考虑掘井开采地下水资源，就要计算水的需要量，以决定水井的大小，从而对所需投资做出估算。并依据可能付出的投资和维持费用多少来作为选择何种水源的依据。

各类猪每头每天的总需水量与饮用量分别为：种公猪40升和10升，空怀及妊娠母猪40升和20升，泌乳母猪75升和20升，断奶仔猪5升和2升，生长猪15升和6升，肥育猪25升和6升，这些参数供选择水源时参考。

水质以地下水特别是矿泉水为最好，江河水次之，湖潭、池塘的死水最差。在进行水源调查时，地下水除注意水量和安全卫生标准外，还应注意某些矿物质（如铁、铜、镁、碘、硒、盐等）是否过多。江河湖水应注意上游或周围是否有传染病源或寄生虫和工业废水污染等。

（3）土质　土壤的物理、化学和生物学特性，不仅影响建筑工程的质量，而且还会影响到猪的健康和生产力。因此，对土质的情况做一定的调查是必要的。在砂壤土地面上建场比黏土好，因为污水或雨水容易渗透进地下，场区地面能够经常保持干燥。

（4）交通、电力及社会关系　猪场选址既要保证交通方便，又要有利于防疫。一般来说，大型猪场应离交通干线（铁路和国道、省道）1 000 米以上，距离普通交通要道 500 米以上，距离乡村公路不少于 100 米。距离居民点应在 1 500 米以上，离牛羊场 2 000 米以上，离屠宰场、牲畜市场或畜产品加工厂要在 5 000 米以上。猪场应建在居民点的水流下游、下风向，在屠宰场、畜产品加工厂的上游、上风向。对于中小猪场来说，上述距离可以小一些，但离交通干线不能小于 500 米，离牛羊场不小于 1 000 米，离屠宰场、牲畜市场和畜产品加工厂不小于 2 000 米。

2. 猪场布局　一个规划完善的工厂化猪场一般可分为四个功能区，即生产区、生产管理区、隔离区和生活区。为便于防疫和安全生产，应根据当地全年主风向和地势，顺序安排以上各区。

（1）生活区　主要包括文化娱乐室、职工宿舍、食堂等。此区应设在猪场大门外面。为保证良好的卫生条件，避免生产区臭气、尘埃和污水的污染，生活区应设在上风向或偏风向和地势较高的地方。

(2)生产管理区　主要包括与经营管理有关的行政和技术的办公室、接待室、饲料加工调配车间、饲料和药品贮存库、机械维修室、配电房、水塔、车库、消毒池，用于更衣、消毒和洗澡的房间等。该区与日常饲养工作关系密切，距生产区距离不宜太远。饲料库应该靠近进场道路，并在外侧墙上设卸料窗，场外运料车辆不得进入生产区，饲料由卸料窗送入料库；消毒、更衣、洗澡间应设在场大门口一侧，进生产区的人员一律经消毒、洗澡、更衣后方可入内。

(3)生产区　主要包括各类猪舍和生产设施，也是猪场最主要的区域，应设在猪场中心较干燥的地方，位于办公室、宿舍区的下风向和病猪隔离区的上风向。就猪舍布局来说，肥育猪舍和仔猪舍应设在离猪场进口较近的地方。种猪舍应设在离猪场进口较远的地方。肥育猪舍和种猪舍应有一定的距离，一般为 60～100 米。公猪舍与母猪舍应间隔 10 米以上，且位于母猪舍的上风向。为了配种方便，公猪舍离人工授精室或配种圈不能太远，人工授精室和配种圈应设在母猪舍附近。每栋猪舍前后间距 10～20 米，左右间距 10～15 米，运动场可设在猪舍的一侧或两侧。商品猪场的侧门还应建有装猪台，以便商品肥育猪装车运输。

大型猪场在生产区的进口处及每排猪舍的两头应有卫生通过室和消毒池，凡进入生产区的人员应先洗手、消毒、更衣和换胶鞋。消毒池的长度应超过汽车、拖拉机或手推粪车的车轮周长 2 倍以上。外来车辆严禁进入生产区，一般只有通过消毒池消毒后才准进入场内。在靠围墙处还要设装猪台，售猪时由装猪台装车，避免外来车辆进场。

(4)隔离区　包括兽医室、隔离猪舍、尸体剖检和处理设施、粪污处理及贮存设施等，具有较大的生物学危险性，该区是卫生防疫和环境保护的重点，应设在整个猪场的下风向或偏风向、地势较低处，并远离生产区至少100米以上。

场内道路应设净道和污道，净道正对猪场大门，是人员行走和运进饲料的道路。污道靠猪场边墙，是出粪和处理病死猪的通道，由侧后门与场外相通。净道和污道应严格分开，避免相互交叉。水塔的位置应尽量安排在猪场地势最高处。为了防疫和隔离噪声，在猪场四周应设置隔离林，并在冬季的主风向设置防风林，猪舍之间的道路两旁应植树种草，绿化环境，减少直接暴露的地面，减少阳光反射，降低夏季附近地面、空气的温度。可利用生态学把养猪和养鱼、种植、园艺等结合起来，直接利用鱼塘、花园、果林、饲料地等作为防疫屏障，这样，防疫卫生条件将有更大的改善。

3. 猪场粪尿的处理　一个万头猪场年排泄粪尿达2万多吨。这样多的排泄物及废弃物如果处理不当，就会对人类、其他生物以及猪自身的生活环境产生严重影响。排泄物和废弃物产生的有害气体如氨、硫化氢、二氧化碳、甲烷等会刺激人、畜呼吸道，轻者引起呼吸道疾病，重者导致中毒死亡。另外，粪尿及污水中含有的大量需氧腐败有机物，若不经处理而排入流速缓慢的水体，会使水体呈富营养化状态，腐败菌会大量增殖，消耗水中氧气，威胁鱼虾生存，并造成周围土壤污染，使禾苗徒长、倒伏、稻谷晚熟或不熟或死亡；另外，高剂量地使用微量元素和抗菌药物也会通过粪便污染周围环境。

猪场的粪污主要包括猪的粪便、尿液和舍栏冲洗水，将粪水进行固液分离再分别处理是降低处理成本，提高处理效果的最佳方案。通常要先对粪尿进行收集和分离，之后再进行粪便和污水的处理和利用。

(1)粪尿的收集　目前粪尿收集的主要方法有两种。

①水冲式清粪　这是一种较为传统的清粪方式，一般在有漏缝地板的猪舍使用，漏缝地板下方是贮粪池或粪尿沟。有漏缝地板的猪舍，可实现粪尿分离，粪便被留在地板上，由人工清除，尿水及少量粪便漏入粪池或粪尿沟中，能够有效地减少猪舍中有害气体和臭味。但是粪水中悬浮物质浓度较高，增大了处理量，浪费了大量的水资源；消化沉淀池容积较大，增加了投资；而且猪舍中湿度较大，在寒冷地区和水资源缺乏地区不宜使用。常用漏缝地板条和缝隙宽度的推荐值如表 5-1 所示。

表 5-1　漏缝地板条和缝隙宽度推荐值

猪体重（千克）	板条宽度（厘米）	缝隙宽度（厘米）
5.5～13.5	5	0.95
13.5～34	5.5～10	2.5
34～68	15	2.5
68～100	15～20	2.5
180（泌乳母猪）	10	0.95
145～180（种猪）	10	2.5

②干清粪　干粪或垫料用机械或人工清除，尿和污水则经舍内的污水排放系统流出。一般适用于北方地区封闭式猪舍。表 5-2 所示为猪场水冲和干清粪工艺最高允许排水量。

(2)粪尿的分离　在猪场废弃物中，猪的粪尿最难处理，特别是大中型猪场排出的粪便，其量大且含水量高，难以运输、存放。固液分离是对粪尿进行处理和综合利用的第一环节。固液分离的方法主要有两类：一类是按固体物体积大小的不同进行分离，有筛分离、过滤分离以及卧式螺旋挤压机分离、滚刷筛分离等；另一类是按固体物与溶液的密度不同进行分离，有沉降分离、立式螺旋分离机分离、旋转锥形筛分离等。

表 5-2 集约化猪场水冲工艺和干清粪工艺最高允许排水量[米^3/(百头·天)]

种类	水冲工艺		干清粪工艺	
季节	冬季	夏季	冬季	夏季
标准值	2.5	3.5	1.2	1.8

(3)粪便的处理与利用　猪场中粪便的处理和利用常用的方法有以下两种。

①堆肥法生产肥料　堆肥法是一种好氧处理。在堆肥时要保持好氧环境，并且掺入杂草、秸秆提高碳氮比，堆肥过程中要防雨和防渗漏。

②生产沼气　将猪场的粪尿排入沼气池中，经过厌氧发酵产生沼气作为生活、生产用燃料。沼液、沼渣作为有机肥料肥田。

(4)污水的处理和利用　对猪场的污水可采用生物处理法处理，此法可分为好氧处理、厌氧处理及厌氧加好氧处理法三类。

①好氧处理　是在有氧的条件下，借助好氧微生物和兼氧微生物的代谢处理污水。污水中的微生物通过自身的氧化、还原、合成等过程，把吸收的一部分有机物氧化分解为简单的无机物，并释放大量能量，固形物逐渐沉淀，从而达到水质净化的目的。

②厌氧处理　又称甲烷发酵，是利用兼氧微生物和厌氧微生物的代谢作用，在无氧的条件下，将有机物转化为沼气、水和少量的菌体物质，这种处理方法可除去污水中绝大部分病原菌和寄生虫卵，能耗低，占地少，且不易发生管道堵塞等

问题，污泥量少。

③厌氧兼好氧处理　是将两种方法结合起来使用。由于厌氧法生化需氧量(BOD)负荷大，好氧法 BOD 负荷小，先用厌氧处理，然后再用好氧处理，这样对于高浓度有机污水处理效果较好。

(二)猪舍设计

1. 猪舍设计的一般原则　建设理想的猪舍应遵循以下原则。

(1)冬暖夏凉　猪舍气温高低对猪群健康和生长发育影响很大。气温过高过低都会使猪的生长发育减缓。较理想的猪舍是坐北朝南或坐西朝东南，一般偏 15°～30°为宜。因为夏季多东南风，可吹入猪舍内，有利于通风降温；冬、春季向阳，阳光直射猪舍内，光照时间长，有利于猪舍采暖。猪舍窗户应大些，以利于采光和通风，空怀、妊娠、肥育舍南面窗户可不安玻璃，产房、保育舍则南北两面均应安装玻璃窗，以利于冬季保温。一般双坡单列封闭式猪舍前檐高 1.8～2.4 米，后檐高 1.6～2 米。墙壁要有足够的厚度，不低于 20 厘米，屋顶要有良好的防雨、隔热作用，并安装通风管。

(2)通风透光，保持干燥　通风可加快猪体热的散发，并可消除空气中的有害气体，改善空气质量，同时对猪舍地面干燥也有很大作用。充足的光照可使猪舍保持干燥和冬季保温。在设计时应因地制宜，参照采光系数和通风率进行设计。地面要有一定的坡度，坡度多以 1%～2%为宜，这样有利于猪舍内地面上污水的流出。

(3)便于日常操作　猪舍的过道、猪栏门、饲槽、水槽设计要合理、便于操作。比如，猪舍的过道宽度为 1.2～1.5 米；饲槽可以设在猪栏外，让猪把头伸到栏外吃料，料槽也可做成2/3在猪栏内，1/3在猪栏外。这样，在添料时可避免将料倒到猪身上或猪将料撞撒。每个圈都要设门，门宽为50～55厘米，门高要和猪栏同高，而且要坚固。建猪舍时尽可能少用易燃材料，平时应备足防火用水。

（4）*要有严格的消毒设施* 猪舍门口要设消毒池和消毒装置，进出猪舍的人员都要通过消毒池。

（5）*符合猪只不同生理阶段的需要* 一个规模化的猪场，一般由成年种公母猪、新生仔猪、断奶仔猪、生长肥育猪等不同生理阶段的猪只组成，对猪舍的要求也有所不同。考虑到种公猪、种母猪的特殊用途，且使用年限长，为保证其健康的体质，每个猪圈的面积要足够大，有条件的也可设置一定面积的户外活动区；为节省建筑面积，也可采用限位栏饲养，但因长期限制种猪的活动，不利于健康，淘汰率增大，使用年限缩短。可将限位栏与自由活动区结合起来，每周分批让种猪在活动区运动。泌乳母猪及其仔猪，因其母仔同栏，既要考虑猪舍的整体保温，又要保证仔猪对温度的要求。因此，还要设置仔猪专用的保温区。

（6）*猪舍设计要科学合理、简单实用、坚固耐用* 猪舍及舍内设备设施是养猪场的固定资产，必须考虑到其使用年限和分摊于每年的投资额。因此，设计上，要尽量在保证简单实用、坚固耐用的基础上，力求将投资费用降到最低。

2. 猪舍的形式 根据猪舍屋顶形式、墙壁结构与窗户以及猪栏排列等分为多种形式。

（1）*屋顶形式* 可分为单坡式、双坡式、平顶式、拱顶式、双向卷帘式等。半坡式猪舍跨度较小，结构简单，省料，便于施工；舍内光照、通风较好，但冬季保温性差，适合于小型猪场。双坡式可用于各种跨度，跨度大的双列式、多列式猪舍常采用这种屋顶。双坡式猪舍保温性好，若设吊顶则保温隔热更好，但其对建筑材料的要求较高，投资较大。平顶式也用于各种跨度的猪舍，一般采用预制板或现浇钢筋混凝土屋顶，其造价一般较高；拱顶式可用砖拱，也可用钢筋混凝土薄壳拱，小跨度猪舍可做筒拱，大跨度猪舍可做成双曲拱屋顶，其优点是节约木料，如果吊顶则保温隔热性能更好。双向卷帘式是开放式与封闭式结合而成，猪舍为平顶或双坡屋顶，南北两侧用钢管架从屋顶向两侧延伸至外圈边墙顶部，用卷帘从屋顶铺在两侧的钢管架上，可以随时卷起。温和季节可去掉卷帘成为开放式猪舍，夏季则铺遮阳网，冬季将卷帘放下，即成为封闭式猪舍。

(2)墙壁结构和窗户形式　可分为开放式、半开放式和封闭式。现代化猪场一般都采用封闭式猪舍，以便能对猪舍环境进行有效的控制。中小型猪场的猪舍则有开放式和封闭式等类型，小型猪场也有用笼养法生产商品肥猪的。开放式猪舍便于通风采光，冬季可用塑料薄膜保温，建筑成本低。如果条件允许可建造封闭式猪舍，封闭式猪舍管理方便，劳动效率高，每出栏1头商品猪所占的建筑面积小（0.6～0.7 米^2/头）。封闭式猪舍墙体要求结构简单、保温隔热、坚固、防火、防潮、耐水。内墙面平整光滑，距地面1米高修水泥墙裙。但封闭式猪舍建筑费用高，而且对供电要求高。封闭式猪舍在夏天一旦断电容易发生大批猪只中暑事故，所以如果供电不能保证，还是建开放式猪舍为好，否则必须配备备用电源设备。

(3)猪栏排列形式　可分为单列式、双列式、多列式。单列式猪舍猪栏排成一列，靠北墙一般设饲喂走道，舍外可设或不设运动场，跨度较小，结构简单，对建筑材质要求不高，省工、省料，造价低，但建筑面积利用率低，劳动效率低，适合于养种猪，或是适合于小型猪场和养猪专业户。双列式猪舍内猪栏排成两列，中间设一走道，有的还在两边设清粪通道。这种猪舍建设面积利用率较高，管理方便，保温性能好，便于机械化作业。但北侧猪栏采光性较差，舍内易潮湿，冬季寒冷。这种猪舍较适合于规模较大、现代化水平较高的猪场使用。多列式猪舍中猪栏排成三列或四列，这种猪舍建筑面积利用率高，猪栏集中，容纳猪只多，运输线路短，管理方便，冬季保温性能好；缺点是采光差，舍内阴暗，通风不良。这种猪舍必须辅以机械通风、人工光照和温、湿度控制，因此为大型的机械化猪场所采用。但是，多列式猪舍南北跨度较大，多在 10 米以上，不适合南方高温地区采用。

3. 各类猪舍建筑的要求 不同性别、不同生理阶段的猪对环境及设备的要求不同。设计猪舍内部结构时，应根据猪的生理特点和生物学特性，合理地布置猪栏、走道和合理组织饲料、粪便运送路线，以充分发挥猪只的生产潜力，同时提高饲养管理工作者的劳动效率。

(1)公猪舍　公猪舍多采用带有运动场的单列式，并建设运动场。隔栏的高度一般为 1.3～1.4 米，每栏面积多为 7～10 平方米，且进行单圈饲养。大中型猪场需要的公猪头数较多，最好建一栋单列式封闭式的猪舍。人工授精室和精液检查室可设在公猪舍的一端。

(2)母猪舍　母猪舍的建筑应根据母猪空怀、妊娠、分娩和哺乳等生理阶段来设计猪舍。

①配种舍　通常将空怀母猪饲养在空怀待配母猪舍。空怀母猪建议群养，每圈 4～5 头。这种方式节约圈舍，提高了

猪舍的利用率;空怀母猪群养可相互诱导发情。从空怀母猪舍最终可向妊娠母猪舍提供妊娠28天的母猪。

②妊娠母猪舍　当母猪配种后28天检查未返情,可转至妊娠母猪舍。在现代化猪场妊娠母猪舍多采用限位栏饲养。通过限位饲养,能够根据每头母猪的膘情喂料,有利于母猪保持合适膘情,促进胎儿的生长,防止流产。妊娠母猪舍最终向产房提供妊娠107天的母猪。

③哺乳母猪舍　又称产房,饲养妊娠107天以上至分娩28～35天以内的哺乳母猪以及初生至断奶后7～14天的仔猪。因此,其设计既要满足母猪需要,也要兼顾仔猪的要求。分娩母猪适宜温度为16℃～18℃,新生仔猪适宜温度为29℃～32℃。根据这一特点,泌乳母猪舍的产床的分娩栏设母猪限位区和仔猪活动区两个部分。中间部分为母猪限位区,一般宽0.6～0.65米,两侧为仔猪栏。仔猪活动区内一般设有仔猪补料槽和保温箱,保温箱采用加热地板或红外线灯等,给仔猪局部供暖。产房设计还要考虑疫病控制的方便,最好将产房设计成20～24个一组的单元,单元与单元之间完全隔离,实行全进全出,确保全部的哺乳母猪和哺乳仔猪完全转出后,对该单元进行全面消毒,空舍1周后,再转入下一组的待产母猪。

(3)仔猪保育舍　仔猪在断奶之后要在产房继续饲养7～14天,然后转入仔猪保育舍养至70日龄。

保育舍的设计应以整体防寒保暖为主,尽可能选择保温隔热性能好的建筑材料。舍内吊顶,安装小窗,舍内空间不宜过大,应无贼风,但也要注意通风。一般仔猪培育可采用地面或网上群养,每圈养8～12头或20～30头的大群,现在比较多的猪场的保育舍都采用网上培育,给仔猪一个干净的生活空间，可有效地减少疾病的发生。此阶段结束可向生长肥育舍提供 70 日龄以上，体重 25 千克以上的健康仔猪。

(4)生长肥育舍　为了减少猪群周转次数，往往是把育成和肥育两个阶段合并成一个阶段饲养，生长肥育猪多采用地面平养，每圈 8～10 头或 16～20 头的大群，每头猪的占栏面积为 0.8～1 平方米或 0.3～0.4 平方米。肥育猪需要安静、少运动，以降低基础代谢，促进增重。肥育猪舍多采用双列封闭式。在猪舍一端的山墙上部安装两个排风扇，并在屋脊上每隔 7～8 米设一个排风筒以排出上部浑浊空气。在猪舍的中间通道下有一个排尿沟，粪便由人工清扫后用粪车拉到堆粪处。表 5-3 所示为猪的圈养头数及每头猪占栏面积和采食宽度。

表 5-3　各类猪的圈养头数及每头猪的占栏面积和采食宽度

猪群类别	每圈适宜头数	面积(米^2/头)	采食宽度(厘米/头)
断奶仔猪	8～12 或 16～20	0.3～0.4	18～22
后备猪	4～5	1.0	30～35
空怀母猪	4～5	2.0～2.5	35～40
妊娠前期母猪	1	2.5～3.0	35～40
妊娠后期母猪	1	3.0～3.5	40～50
哺乳母猪	1	6.0～9.0	40～50
生长肥育猪	8～12	0.8～1.0	35～40
公　猪	1	6.0～8.0	35～45

表 5-3 列出了各类猪每圈的适宜头数、每头猪的占栏面积、采食宽度等。参照这些数据，并考虑不同类型猪舍所采用的生产工艺、饲养管理措施及饲养人员的劳动定额等，即可确定每种猪舍内部结构和大小，猪舍的跨度和长度等。

(5)病猪隔离舍　用于将病猪与健康猪隔离，并对病猪进行治疗。还可将刚从外地引进的种猪在隔离舍饲养一段时间，进行有效预防接种，并确认没有传染病后，再转入相应的猪舍。

二、猪的管理

（一）种公猪的管理

种公猪的管理重点是适当的运动，以保持公猪良好的体质；凉爽的环境，以保证公猪的性欲和生精能力；合理的配种（采精）频率，以保证良好的配种受胎率。

1. 种公猪的保健　种公猪应进行更加严格的防疫措施，以防止疾病广泛流行。夏季应防止公猪中暑。炎热和发热性疾病会严重损害公猪的生精能力，是造成公猪精液不合格的主要原因。炎热不仅会使种公猪的配种能力在短时间内下降，而且如果公猪长时间处在高温环境，会使种公猪在以后 2 个月的受胎率大幅度下降，甚至出现暂时甚至永久性不育。因此，种公猪的圈舍更应重视夏季的隔热，并采用喷淋、池浴、通风等措施进行环境和猪体降温，以保持种公猪的凉爽。种公猪舍的地面倾斜度不宜太大，地面要粗糙，平时要保持地面的卫生，避免大量粪污堆积，造成公猪滑倒受伤。

种公猪的圈舍应有足够的高度(1.4 米)，栅栏门要有足够的强度，并保证不会被公猪弄开。一般情况不主张种公猪群养，从小一起长大的小公猪一般情况下能相安无事，但它们之间可能相互爬跨，形成恶癖。所以，种公猪应单圈饲养。

如果种公猪的年更新率在 50%以上，可考虑将公猪养在定位栏中，以方便管理和节约空间。因为公猪最多养到 3 岁，体重不会太大，造成肢蹄病的机会很少。如果公猪不够强壮而发生肢蹄病，应将其淘汰。但每头公猪每周最少有2次在专设的运动场上运动2～3小时。

2. 种公猪的利用

(1)初配年龄　种公猪开始配种的年龄为9月龄，体重120千克以上。

(2)配种频率　种公猪在9月龄至1.5岁之间，每周可配种2～3次，其后每周可达5～6次。偶尔情况下，1天配种2次不会有什么问题。采用人工授精的猪场，种公猪的采精频率最好不超过每周3次，因为采精频率高，并不增加精子的总数量，而且可能会使所采得的精液中的不成熟精子数增多，结果总有效精子数还不如低采精频率的多。另外还应注意，种公猪一旦开始利用，配种间隔不宜过长，最少10天配种1次。配种次数过少，可导致公猪产生自淫恶癖或性欲钝化，甚至使种公猪完全失去配种能力。

(3)利用年限及更新率　种公猪的利用年限因猪场更新要求和公猪质量不同而有所不同。种公猪的后代质量好，对猪群改进作用明显，应考虑从初配开始利用3年；如果公猪后裔鉴定结果不理想，应立即将该公猪淘汰。商品猪场应注意培育遗传素质更好的种公猪，并及时更新后代性状不理想的种公猪，建议种公猪的年更新率为33%～50%。

3. 设置配种栏　采用本交的猪场可设配种栏，配种栏不宜过小，应能使公猪环绕母猪活动。配种栏一般为6～8平方米，如果可能应将配种栏设计成六边形，以利于种公猪的配种活动。当然，小型猪场也可同时将公猪圈作配种圈。配种栏地面应为平而粗糙的混凝土地面，配种前可将地面用水冲干净，必要时可在配种栏内撒些粗锯末，以防止公猪滑倒。也可在舍外沙土地建配种栏。采用人工授精的猪场，应在假母猪的后边铺一块防滑垫，以使公猪站立更舒适。

4. 种公猪的体况保持 限饲是保持种公猪合适膘情的主要手段，而运动则有利于增强公猪的体质。公猪运动的方式很多：可将公猪放入一个较大的运动场内自由活动，每个运动场内每次赶入一头种公猪，运动2个小时后，将公猪赶回圈内，再将另一头公猪赶入。应注意避免两头种公猪相遇，以免发生争斗事故。游泳运动也是值得推广的方法，将公猪赶入专门建造的小型泳池中，关闭栅栏门，让公猪不得不在水中作游泳运动，0.5～1小时后打开栅栏门将公猪赶回。

（二）后备母猪的管理

1. 种母猪的年更新率 一般商品猪场的基础母猪的年更新率为33%左右，即每年有1/3的种母猪要淘汰；同时，每年增加占基础母猪数1/3的后备母猪进入基础母猪群。年更新率和基础母猪数是每年培育后备母猪数量的依据。

2. 后备母猪的初配年龄

（1）初配年龄 后备母猪5.5月龄时转入配种母猪舍适应环境。在配种母猪舍适应30～45天，纯种母猪体重达到120千克以上，杂交母猪达到110千克以上；7～8月龄发情2次或2次以上，进行初次配种。体重达不到110千克的母猪即使是第三次发情也不能配种，发情次数不足2次的，即使体重达到110千克也不能安排配种。

（2）早配带来的问题 后备母猪早配并不能降低成本，提高经济效益。早配可带来如下问题：一是窝产仔数少。由于小母猪性腺发育不完善，排出成熟卵子的数量较少，配种受胎率较低，因此早配窝产仔数少。后备母猪初次发情到第三次发情，每增加1次发情，排卵数大约能增加1个。第三次发情配种的初配母猪，头胎窝产仔数一般都能达到8～10头。二是仔猪和自身发育受到影响。由于后备母猪自身还在生长，妊娠必然会影响其自身的发育，同时对仔猪的发育、产后的泌乳都会产生不良影响。三是初产母猪断奶后不发情。由于早配、哺乳对初产母猪的生殖功能影响较大，可造成初产母猪断奶后不能正常发情，最终导致母猪被淘汰。

3. 后备母猪的管理 后备母猪进入配种舍后，应以小群群养，4～5头母猪为一群。群养有利于小母猪可增强免疫力；猪群中的发情小母猪的气味、相互爬跨刺激有利于促进未发情母猪的发情表现。对于7月龄仍不表现发情的母猪，应采用管理措施促进其发情（详见猪繁殖标准化一章）。

4. 后备母猪的发情记录 猪场应对后备母猪进行发情记录。后备母猪进入配种舍后，每天应用试情公猪进行两次试情，以便及时发现发情。猪圈的栏门口应插上记录卡，登记母猪的发情开始和结束时间，以及预测下次发情的时间。

5. 后备母猪的配种 应选择体重适当的种公猪与后备母猪交配，尽量不用刚刚开始配种的种公猪，也不能使用体重太大的种公猪，要确保母猪的承重能力能够保证配种完成。

（三）空怀母猪的管理

空怀母猪管理的重点是发现发情和及时配种。

1. 母猪的配种

（1）试情与发情鉴定 每天早晚两次用有经验的壮年公猪与空怀母猪头对头试情，以及时发现发情母猪（详情见猪的繁殖标准化一章）。

（2）配种 配种时应注意保持环境安静，不得鞭打母猪，要在公猪性欲旺盛时与母猪交配，必要时给予辅助，尽量减少母猪走动。配种后用手轻压母猪腰部，防止精液外流。配种结束后，立即填写配种记录。配种28天后未出现返情时，将母猪调整到妊娠母猪舍。

2. 配种舍的环境控制 配种母猪舍和妊娠母猪舍的合适温度为15℃～20℃，配种后5周内母猪尤其应防止受高温影响。因为高温可导致胚胎不能着床或造成假孕。夏季应注意加强通风和喷淋降温，保持母猪体的凉爽。

每天清粪1次。每周喷雾消毒1次。每月最少用高压水枪冲洗地面1次。每3天应更换1次脚踏消毒盆(池)内的消毒液。猪舍内不应有明显的氨气等刺激性气味。

3. 母猪淘汰标准 应经常根据母猪的表现情况，淘汰不良母猪，保持基础母猪群良好的繁殖性能，这是保证猪场正常生产的必要步骤。有下面情况之一的母猪应淘汰：①体型不好，不健康，哺乳性能不好的初产母猪；②产仔数少(少于7头)，且不易配的2胎以上基础母猪；③生产成绩明显下降，5胎以上的基础母猪；④2个以上乳头损伤成为无效乳头，或患有严重乳房炎的基础母猪；⑤过瘦(2分以下)或过肥(6分)的基础母猪；⑥连续3个情期配种不孕的母猪；⑦超过3个情期仍未发情的母猪；⑧患肢蹄病久治不愈的母猪；⑨母性不良或攻击人的母猪。

(四)妊娠母猪的管理

1. 母猪的妊娠诊断 母猪配种后，经过1个发情周期不再发情，性情温驯，食欲增加，被毛日趋光亮，增膘快，腹部渐大，行动稳重且有嗜睡现象，可初步判断为妊娠。母猪妊娠期为112～115天。如个别母猪在配种后出现发情，应认真加以鉴别。假发情母猪尾巴自然下垂或夹着尾巴走，且对公猪反应不明显，一般拒绝交配。

猪场应依靠返情检查和B超来确定母猪是否妊娠。

2. 妊娠母猪的管理

(1)保胎　母猪在妊娠初期，应避免母猪受热应激的影响，以免造成胚胎早期死亡；日常管理中，应细心对待妊娠母猪，不得强行追赶及粗暴对待母猪，不得大声吆喝，以防母猪受到应激，造成死胎和流产。妊娠后期要注意防暑降温，热应激会造成母猪死胎率增高。

在母猪妊娠期内，工作人员应控制好猪舍温度，避免出现剧烈变化，如遇到寒流，应及时做好防寒保暖工作；同时应保持猪舍内良好的空气环境，污浊的空气容易造成母猪呼吸道感染。

母猪一旦感染疾病应尽快治疗，同时应合理用药，防止出现药物性流产(如禁止使用肾上腺皮质激素类、肾上腺激素等药物)。已经出现发热的，应及时退热，因为发热极易造成死胎。

母猪妊娠后期，容易发生便秘，造成绝食。应增大小麦麸用量和喂给青绿饲料进行预防，已经出现便秘的，可使用轻泻药物处理，但一定要掌握好剂量，以免出现腹泻引起流产。

要注意防止饲料因素导致的流产，避免因管理不善造成妊娠母猪采食冰冻饲料、霉变饲料、黑斑红薯、发芽土豆和堆积发热的蔬菜而导致母猪流产。母猪临产前2周禁止注射猪瘟疫苗，避免胎儿感染弱毒发病死亡。

(2)驱虫　在母猪妊娠1个月后，每月喷洒体外驱虫药(如螨虫净)2次，预防体外寄生虫病，但要严格控制剂量，防止中毒和流产；母猪临产前4周进行体内驱虫(如伊维菌素、阿维菌素等)。正确驱虫,可切断母猪—仔猪传播链,有效预防仔猪患寄生虫病。驱虫应使用国家批准的驱虫药,并按使用要求用药,严禁随意加大用量。

(3)转舍　母猪配种妊娠后,要经过两次转舍。第一次是在母猪配种后 21 天或 28 天未出现返情者,转入妊娠母猪舍;第二次是在妊娠 107 天时,转入产房适应产房环境。转入产房前,先在洗浴间用温水、洗涤灵刷洗干净,特别注意乳房、腿、阴门部分刷洗干净,并喷以消毒剂,用体表杀虫药药浴后转入产房。妊娠母猪转舍时,应注意防止母猪滑倒。

(4)记录　每头母猪栏前要悬挂配种卡,并登记以往繁殖历史,以及本次发情、配种、转群时间和预产期等,以便根据妊娠期及膘情调整喂料量和进行转群、接产管理。

(5)卫生　每天清理打扫粪便 1 次,保持猪体的清洁卫生。

(6)膘情评估　每周应对每头妊娠母猪进行膘情评估,以调整饲喂量,以期达到产仔时的最佳体重和膘情。

(7)免疫接种　临产前 40 天和 15 天注射大肠杆菌疫苗(包括标准苗和自家苗),以预防新生仔猪的黄、白痢。其他需在产前预防的疫苗也要做好接种计划,并按时接种。

(五)分娩哺乳母猪的管理

分娩哺乳母猪管理的目标是:母猪产前能够适应产房环境,分娩环境安静,保证分娩时有人值守,接产与助产规范,良好的产后护理,正确断奶。

1. 母猪的接产前准备

(1)预产期的推算　猪的妊娠期为 112～115 天,平均 114 天。预产期可用下列任何一种方法推算:

即月份＋4，日期－6；或月份＋3，日期＋24。

(2)临产征兆　产房每天除喂料、清粪外，还要观察母猪的临产征兆，以便及时安排接产。母猪通常在产前24小时开始出现明显的临产表现：絮窝、起卧不安、经常翻身改变躺卧姿势；阴门水肿，频频排尿；乳房有光泽，两侧乳头外张。通常产前2～3天，用手挤压第一对乳头，可挤出乳汁，当最后1对乳头能挤出乳汁时，约6小时内分娩。但也有第一对乳头挤出乳汁后6小时分娩，而有的母猪分娩后才能挤出乳汁。在分娩前6小时呼吸增加至每分钟91次，当呼吸逐渐下降至每分钟72次时，第一头仔猪即将分娩。

(3)分娩控制　近年来，许多猪场开始采用前列腺素类药物进行分娩控制，效果很好。如英国特威公司生产的"保顺产"，国内生产的氯前列烯醇。对妊娠111～113天的母猪注射氯前列烯醇0.1～0.15毫克，母猪大部分在注射后20～28小时内分娩。诱发分娩的母猪很少难产，分娩时间短，胎衣排出顺利。大型猪场推荐在午夜时注射，以便母猪在一天中最安静的深夜分娩，由夜间值班员接产。

没有全场采用分娩控制的猪场，如果母猪妊娠超期或胎死腹中，也可用前列腺素类药物进行诱导分娩。这种情况下的诱导分娩，其难产率要比正常分娩高，其原因是妊娠超期和死胎本身就是难产的因素，并非使用前列腺素的结果。

(4)母猪的产前准备　母猪临产前应做好以下工作：①母猪临产前，逐渐将产房温度调节至24℃～27℃，高温潮湿的季节为避免母猪的热应激产房可控制在24℃，但温度不得低于22℃。②临产母猪分娩前3天，每天进舍后、出舍前检查乳房是否有乳汁溢出，并挤压乳头，如果最后1对乳头可挤出乳汁，应打开仔猪加热板或红外线灯。③准备接产工具。用

0.1%的高锰酸钾液清洗母猪的乳房、外阴及臀部，并用新洁尔灭液消毒后抹干。

2. 接产　与其他家畜不同，母猪的分娩需要给予更多的照顾。母猪分娩时予以接产和守护可以减少在分娩过程中和分娩后数小时的仔猪死亡率，因此分娩时必须有专人值守。

(1)*准备好接产物品*　消毒或烘干的毛巾或其他棉布若干块(最好准备 15 块)、2%碘酊及棉球、结扎线、耳号钳、剪牙及断尾钳、酒精棉球、注射器、缩宫素、氟苯尼考、高锰酸钾、牲血素、手术剪、记录本及笔、秤等。猪场最好准备若干个多用接产箱，将常用品备好，随时取用。

(2)*控制好产房环境*　保持产房的安静环境，避免对在分娩的母猪有不良刺激，以免母猪中断分娩，造成死胎。产房温度应适当高一些(25℃左右)。如果猪场条件较差，猪舍温度较低，可在母猪的后躯再安装一个临时红外线灯，可有效减少仔猪受冷应激死亡现象。

(3)*做好仔猪产出后的处理*　仔猪出生后，接产员应立即用干布将其口、鼻腔的黏液清除、擦净，擦净后腿后，可倒提并用毛巾将全身黏液擦净，以减少仔猪机体热量散失。如果仔猪出生后，脐带有搏动，但不呼吸，称为假死。如果假死是因为在产道内停留过长造成的，可在清除口、鼻腔及身上黏液后，左手托住仔猪的臀部，右手托住仔猪枕部(后脑勺)，腹部向上，做屈伸运动，运动的频率为 40～50 次/分，直到仔猪叫出声为止。如果是因为冷应激造成的，在清除口、鼻腔及身上黏液后，将仔猪放在 38℃～40℃的水中，并使其口、鼻、耳露出水面，2～3 分钟后仍不呼吸的，可再用上述方法进行急救。

(4)*注射催产素或缩宫素，促进分娩，缩短产程*　母猪产出第一头仔猪后，可给母猪注射催产素或缩宫素 20～30 单位，有利于缩短产程，减少母猪体力消耗。在分娩过程中，如果间隔 40 分钟未见再产出仔猪，可再注射 30 单位的催产素。不可大剂量注射，以免造成分娩高频阻断，引起难产；也不可在产道未打开（产道不能通过一个胎儿）的情况下，注射催产素（或缩宫素），因为这样，可能造成胎儿拥堵，引起难产。

（5）正确断脐　把仔猪擦干净后，脐带未断的先将脐血挤向仔猪，从远端掐断脐带。可暂时不给仔猪断脐，等脐带冷凉后再断脐可减少出血。断奶方法将在仔猪管理中详述。

（6）分娩过程的观察　分娩接产过程中，应注意分娩母猪的体温、呼吸状况，体温达到 39.5℃时，必须对母猪进行检查并治疗，持续高热将导致母猪产后死亡或无乳症。

（7）分娩结束的检查与记录　胎衣完全排出是分娩结束的标志。母猪排出胎衣后，接产员应检查排出胎衣数量（常见一大块，两小块胎衣），并将脐带数与出生仔猪数（包括死胎）进行查对，如果吻合，且母猪停止努责，一般说明分娩已经结束。分娩不论正常与否都要在产房卡上做记录。

3. 难产的判定及助产

（1）难产的症状　主要有以下四种表现：①妊娠期超过 116 天。胎儿已部分或全部死亡，一般对维持妊娠很少影响，但胎儿死亡将延长正常分娩的启动时间；②阴门排出血色分泌物和胎粪，没有努责或努责微弱，不能产出胎儿；③母猪产出 1～2 头仔猪后，仔猪体表已干燥且活泼，而母猪 1 小时后没有再产出仔猪，分娩终止；④母猪长时间剧烈努责，但未见胎儿产出。

（2）难产的处理

①子宫收缩无力型难产　多出现在体质差，怀仔多的母猪。经检查确定子宫颈已经开张和不存在产道堵塞，可每 30

分钟肌内注射催产素 20 单位。

②胎儿阻塞型难产　主要由于胎儿过大和胎位不正引起，多出现在膘情过肥的母猪。治疗上采用掏猪。

③阴道阻塞型难产　主要由于产道软组织损伤、膀胱臌胀、阴道瓣过分坚韧、粪便秘结等原因造成。产道软组织损伤是由于胎儿通过产道时脚趾或犬齿挂伤造成，另外也可能由于粗暴、不熟练操作引起。膀胱臌胀的母猪可把母猪轰出产房运动 10 分钟，坚韧阴道瓣可用手捅破，便秘的母猪可用肥皂水灌肠。

(3)助产　一般情况下，未见胎衣下来或胎衣数量不全，且母猪仍呈现躺卧状态，似有微弱努责时；或母猪长时间努责，但未见胎儿产出时，应进行产道检查和助产。

助产前清洁母猪的后躯。操作者将指甲修短并锉光，清洗手和臂，消毒、涂液体石蜡油或植物油润滑。手呈圆锥状伸入阴门，在宫缩的间隙前进，手到子宫颈口为止，不再前进。因为手进入越深，对母猪损害越大，母猪越感痛苦。仔猪后肢在前的(臀前位)，可用手直接拉出；头部在前的可用拉猪的索套或产科钳拉出，拉出时的力量要和母猪努责一致。掏猪后必须用抗生素治疗，以防继发感染。操作者不可频繁将手臂在产道内进出，以免造成水肿，引起难产。

4. 产仔母猪围产期的管理　产后应强迫母猪站立、运动，站立吃料，恢复体况。

保护好母猪的乳头、乳房。产床的漏缝地板的缝隙要合理，防止母猪躺卧时，乳头夹在缝隙中，站立时，将乳头撕伤。另外，要保证地板没有锋利的毛刺，以防挂伤乳房和乳头。初生仔猪要将犬齿剪短、剪平，以防在争抢乳头时，将乳头咬伤。

确保所有的乳头都被仔猪吸吮。这对头胎母猪尤其重要，因其窝产仔数少，如果母猪的一些乳头没有被吸吮，该乳头的乳腺组织就会停止泌乳，也会影响下一胎该乳房的泌乳量。在哺乳过程中，应注意观察每个乳头被仔猪吸吮的情况，发现没有被吸吮的乳头，应训练仔猪一次吸吮 2 个乳头（详见仔猪管理）。这个工作应在仔猪出生后最初的几次哺乳时进行，强制正在哺乳的仔猪去吃另一个乳头，直到它开始吸吮这个乳头为止。对于不会两侧哺乳的母猪，应进行人工辅助，使母猪养成两侧躺卧的习惯。对于产仔少、膘情差、哺乳能力差、早产的母猪，让仔猪早断奶并窝寄养，以便母猪早恢复，早发情配种。

5. 分娩母猪常见问题处理

（1）母猪应激综合征　母猪应激综合征多发于每年炎热多雨的 7～9 月份，初产母猪多发，经产母猪相对较轻。主要症状是：食欲不振、耳部苍白、磨牙、便秘呈羊粪蛋状。主要是由于妊娠后期妊娠负担加重，产仔刺激，天气闷热，发热性疾病造成的应激反应，同时导致胃溃疡。治疗：发热母猪，每次肌注安乃近 1 支＋青霉素 160 万单位＋链霉素 100 万单位，每日 2 次；胃溃疡母猪口服西咪替叮 6 片/次，2 次/日，人工盐 20 克/日（注意饮水水质检测，水质硬的地下水都可诱发各阶段猪的胃溃疡）。

（2）母猪泌乳衰竭症　肌内注射氯前列烯醇 175 微克、催产素 30～50 单位，间隔 3～4 小时可重复 1 次。

（3）产后无乳或乳量不足　可用“妈妈多”拌料；也可用鲫鱼 2 千克或 1 个胎衣与黄豆 500 克同煮，加啤酒或黄酒 500 克，分 2～3 次喂给母猪。

（4）咬死仔猪或拒绝哺乳　乳房炎、分娩疼痛者可注射消炎和镇痛药物。如因母性不强，可用镇静剂（如利血平）降低母猪的兴奋性，并在有人值守的情况下，让仔猪哺乳，其他时间让母仔隔离，经过一段时间哺乳可促进母猪母性的形成。如果母猪始终不能让其仔猪正常哺乳，应考虑将其所生仔猪寄养，并淘汰该母猪。

6. 断奶前后母猪的管理　断奶后母猪的理想膘情为3分膘。对于断奶前膘情好的母猪应逐渐减料，防止乳房炎的发生；断奶前2分膘母猪断奶前后不减料自由采食；3分膘母猪断奶后进行正常饲养。这样，既可防止乳房炎的发生，又可尽快复膘发情。如果猪场卫生条件好，母猪断奶时膘情在正常范围，母猪健康且无以往乳房炎病史，可采用产前不减料，正常饲喂，断奶后停喂1天的方法喂料。

2.5分膘以下的母猪断奶后不配种转入后备区饲养，待膘情达到3分膘时再配种。

断奶后立即填写母猪哺乳性能卡，作为种母猪选留、淘汰的依据。母猪哺乳性能卡应记录母猪号、分娩日期、产仔总数、窝产活仔数、木乃伊数、死胎数、弱仔数、哺乳天数、断奶仔猪头数、断奶窝重、断奶均重、断奶仔猪均匀度等。

7. 产房的管理与环境控制

(1)尽可能采用全进全出制　产房实行全进全出制，有利于控制仔猪疾病的交叉感染和方便对断奶后母猪的同期发情。分娩哺乳母猪舍应设计成单元式，同一单元的分娩母猪在1周内转入，断奶后在同1周转出，仔猪在断奶后2周全部转入保育舍，并对全舍进行全面冲洗消毒和空舍。必要时应对产房进行全面检修，并重新刷漆。

(2)产房环境控制　保持产房温暖、干燥、洁净、无贼风。

①温度控制　母猪进产房后舍温要逐步从22℃提高到27℃。闷热潮湿的雨季(7～9月份)，应通过通风、隔热、遮荫

等环节，降低舍温，控制的目标温度为22℃～25℃，预防母猪因闷热造成的应激；但不可采用喷淋、喷雾的降温方法，以免造成产房潮湿，不利于初生仔猪的健康。凉爽干燥的春、秋季(3～6月份和10～11月份)和干冷的冬季(12月～翌年2月份)舍温按产房温度标准控制。冬季舍温可偏高，在25℃～27℃。根据舍温需要调整通风、加热和制冷设备。产后的4周应逐步调低猪舍温度至22℃。以使仔猪能够在转群后适应保育舍的温度，母猪断奶后适应配种舍的温度。

②产房卫生　每天将猪粪清扫1次，同时打扫干净产床。母猪产后的胎衣及污染的垫草要及时清理掉。母猪料槽应在每次喂料前清理干净，同时注意保持产栏的清洁、干燥。根据舍内有害气体浓度，调整通风量的大小。每3天更换1次脚踏消毒盆，每周产房喷雾消毒1次，仔猪全部转走后应彻底清理产房，用高压冲洗机冲洗干净、用3%火碱液喷洒猪舍地板，1小时后冲净备用。

8. 产房的日常工作注意事项　在产房工作时，必须从最近分娩的产房开始到产后较长的产房，进舍后要做的事项是：①观察分娩状况，调整保温系统。有正在分娩的母猪时要保持产房的绝对安静，如无正在分娩母猪，轰起每头猪，进行临产检查。②观察母猪吃料情况，以便调整喂料量。③观察母仔健康状况，为治疗提供第一手材料。④打扫猪舍环境卫生。⑤如有分娩母猪，应立即安排接产和处理初生仔猪。处理仔猪后立即清洗使用器械。

(六)仔猪的管理

仔猪管理的目标是：出生后能立即在卫生和适宜的温度环境中，在出生后3小时内吃足初乳，保证每头仔猪都能吃到充足的乳汁，能在3天内补充铁元素，在5～7天能吃到乳猪料，保证每日喂6次，保证断奶顺利。

1. 新生仔猪的护理 仔猪出生后12小时内必须断脐、剪牙、断尾、打耳号，7天内去势，3天内补铁、补硒等。

(1)断脐 刚出生的仔猪，应先擦干净口、鼻腔黏液，擦净后腿后，倒提(有利于口、鼻中黏液的排出)，立即擦干全身黏液。不要马上断脐，可先将脐带从阴门处向外拉出，将血液向仔猪脐带基部方向挤压，并从阴门口处掐断脐带，然后放入保温箱内，约30分钟左右，被毛干燥并且脐带晾凉后，再断脐。断脐时，用手捏住小猪颈部或倒提，掐断或剪断脐带，脐带留3～4厘米长，脐口用2%碘酊消毒。如果断脐后仍从脐口出血应用蘸碘酊的棉线将其结扎。几天后脐带干缩、脱落后，用2%碘酊消毒脐孔处。

(2)产仔记录 仔猪断脐后，可进行个体称重，打耳号，记录，并填写产房卡。

(3)打耳号 打耳号的目标主要是标记每头仔猪，以便进行生产记录。打耳号要规范，耳钳要锋利，用前工具要消毒，打号时应尽量避开血管，剪耳号后缺口处用碘酊消毒。耳号打法有多种，常用的耳号标记方法为：上小下大，左大右小，1、3打法。即左耳上缘1个缺口为10，下缘1个缺口为30，耳尖1个缺口为200；右耳上缘1个缺口为1，下缘1个缺口为3，耳尖1个缺口为100。如编号较大，可在耳的中部打孔，左耳一个孔为800，右耳一个孔为400。耳上缘最多打2个缺口，耳下缘最多打3个缺口。如358号，缺口数为左耳：尖1个(200)，上2个(20)，下1个(30)；右耳：尖1个(100)，上2个(2)，下2个(6)。

(4)断尾 为了便于以后种母猪后躯的清洗、预防咬尾的事故，仔猪出生后应进行断尾。用消毒的断尾钳在距离尾根2～3 厘米，公猪剪断处与阴囊上缘齐，母猪剪断处与阴门上缘齐。断尾时一般不把尾巴完全剪掉，用断尾钳从上下方向夹住尾部，并缓慢加压到底，停留 5 秒钟左右，使尾椎骨、血管、神经断裂，但皮肤未断，在断尾处用碘酊消毒。2～3 天后尾部自然干缩脱落，脱落时如有伤口，应用浓碘酊消毒。这种处理方法可减少出血，但可能有部分猪尾部重新愈合而必须补断。也可用电热断尾钳将尾部彻底断掉，并用浓碘酊消毒。

(5)剪犬齿　为预防仔猪咬伤母猪乳头和同窝仔猪相互撕咬损伤，通常用消毒的剪牙钳剪除犬齿的齿尖(釉质部分)，也可连齿基部一起剪除，并用浓碘酊消毒。每窝仔猪中弱仔(体重小于 1 000 克的)剪犬齿时间可错后几天，以增强弱仔竞争力。

(6)补铁　刚出生的仔猪体内贮存的铁及吃奶所补充的铁，大约可保证 4～7 天不出现亚临床缺乏。因此，刚出生的仔猪最好立即注射补铁、补硒针，最迟不晚于 5 天。新生仔猪可在大腿内侧肌内注射补铁针(每头份含铁 200 毫克，硒 2 毫克)。

(7)吃初乳　新生仔猪在出生后 6 小时以内，胃肠道可将吃进的初乳中的抗体吸收到血液中，获得免疫力。因此，能否及早吃足初乳关系到仔猪的抵抗力和以后的生存几率。如果一窝产仔多，可考虑让先出生仔猪先吃足初乳，1～2 小时后，再让其余的仔猪吃奶，以确保仔猪第一次吃奶都能吃饱。

(8)固定乳头　仔猪出生后，最初的几次吃奶，最好有人照看。让体重较小的仔猪吃前边的奶水多的乳头，体重大的仔猪吃奶水较少的靠后的乳头，并将每头仔猪吃奶的位置固定。这样，能减轻仔猪断奶后体重差异，有利于以后同窝同群饲养。但完全能按人的意志去固定乳头显然有很大的难度。最简单的方法是，最初的几次哺乳，每次先将体重小的仔猪（2～3头）放在前边，让其自己寻找乳头，开始吃到乳汁（可听到吸吮的响声）后，再将其他仔猪放出。但不必过分强迫体重小的仔猪吃前边的乳头。对于哺乳仔猪数少的母猪，应训练仔猪，尤其是体重小的仔猪或在后边乳头哺乳的仔猪1次吃2个乳头。方法是将被训练的仔猪放在旁边的乳头前，强迫其吃另一个乳头，直到它开始吃这个乳头后再放开。

（9）去势　用于生产商品猪的仔猪，应在10日龄以前去势，也可在出生后立即去势。早去势对仔猪的应激小，而且易于保定，出血少，恢复快。去势时间应选在晴朗的上午，有利于伤口的干燥，防止感染。一般只给小公猪去势。去势时，抓住一侧后腿，倒提使腹部朝外，用中指用力上顶睾丸，使睾丸突起，阴囊皮肤紧张。切开每侧睾丸外的阴囊皮肤，再用拇指和食指将睾丸挤出切口。睾丸挤出后向上牵拉摘除，同时尽可能除去所有疏松组织，创口用2%碘酊消毒。不提倡只在一侧切口将两个睾丸从一个外口挤出，因为这样不利于伤口的干燥、愈合。

（10）仔猪的寄养　下列情况下需要对仔猪进行寄养：母乳不足或产仔数过多（超过有效乳头数），母猪无乳或产后母猪死亡，所产仔猪需要进行寄养；母猪产仔数过少，需将母猪淘汰，其所产仔猪需要进行寄养；在生产管理中，将出生时间接近的几头母猪所产的仔猪混合后根据体重、性别再分群后再进行寄养叫做交叉寄养。

寄养仔猪的日龄应与寄母的仔猪一致或相近，一般不超过3～5天。后产的仔猪向先产的窝里寄养（逆寄）时，要挑选猪群里体重大的寄养；先产的仔猪向后产的窝里寄养（顺寄）

时，则要挑体重小的寄养；同期产的仔猪寄养时，则要挑体型大和体质强的寄养，以避免仔猪体重相差较大，影响体重小的仔猪生长发育。

寄养母猪必须是泌乳量高、性格温顺、体型略大、母性好、抗病力强、采食量大、哺育性能强的母猪，只有这样的母猪才能哺育出好的仔猪。

被寄养的仔猪一定要吃初乳。仔猪吃到充足的初乳才容易成活，如因特殊原因仔猪没吃到生母的初乳时，可让其吃寄母的初乳。

为了使寄养顺利，可将被寄养的仔猪涂抹上寄养母猪的胎水、奶或尿，也可混群几小时后同时放到寄养母猪身边，也可用酒精棉擦拭寄养母猪的鼻孔周围，使之辨识不出寄养的仔猪。

寄养前仔细检查仔猪和寄养母猪，防止传染病带入，并注意观察哺乳情况。当寄养母猪放奶时，仔猪不但不靠近吃奶，反而是向相反的方向跑，想冲出栏圈回到生母处吃奶，遇到这种情况可利用饥饿或实行人工强制哺乳。

仔猪寄养时，操作人员一定不要将异味带到仔猪身上，以防母猪产生攻击仔猪的行为，并尽可能地减少其他各种应激因素。

(11)超前免疫　对于猪场猪瘟预防不到位，猪群仍有猪瘟发生的猪场可考虑超前免疫。每头刚出生的仔猪注射 1 头份的猪瘟弱毒苗，并在注射后 1.5～2 小时后再让仔猪吃初乳。猪瘟预防良好的猪场不提倡对仔猪进行超前免疫。

2. 仔猪断奶期管理

(1)饮水管理　必须保证仔猪随时能饮到清洁的饮水。如果有饮水药箱，可通过饮水药箱饮水。建议每升饮水中可加入乳酸诺氟沙星 0.1 克，速溶多维 0.5 克，氯化钾 1 克，碳酸氢钠 2 克，食盐 2 克，葡萄糖 20 克。仔猪断奶前 1 天至断奶后 7 天，最好能饮用上述药水。这样可有效强壮体质，减少仔猪腹泻。

(2)断奶　仔猪断奶是继初生后的第二个关键时期，不正确的断奶可引起断奶腹泻综合征，严重时可引起仔猪死亡。

①断奶日龄　根据猪场的管理水平、季节、卫生条件和生产周转计划安排仔猪断奶日龄，一般有 21 日龄、28 日龄、35 日龄三个时间可供选择。从仔猪健康角度考虑，仔猪断奶晚些好。有实验证明，28 日龄断奶的仔猪腹泻发生率比 35 日龄断奶的仔猪高 1 倍。猪场条件差或冬季，均可考虑晚些断奶；用于生产种猪的断奶时间也应晚些，以保证仔猪早期充分发育；猪场条件好的商品猪场，如果有质量高的乳猪饲料可提早断奶。从经济效益上讲，21～28 日龄断奶比较合适。早于 18 日龄断奶，对仔猪以后发育有明显不良影响，同时对母猪提前发情也没有明显作用。

②断奶条件　猪场可根据实际情况制定仔猪断奶的条件，包括某一日龄时（猪场所确定的断奶日龄）的体重、平均每头仔猪乳猪料的最低日采食量、断奶时的健康状况等。另外，也可根据某一季节的普遍情况，确定这一季节的断奶日龄。仔猪到规定的断奶日龄后，如果出现腹泻等疾病则不能立即断奶，同时在管理程序上如果存在对仔猪产生应激的管理项目，如免疫注射、去势等，应尽量与断奶时间错开进行。如果必须进行，如紧急免疫，则应暂时不断奶。

③断奶方式　仔猪断奶的方式有分批断奶和一次性断奶。一般应尽量采用一次性断奶，以方便管理。

④断奶方法　仔猪在断奶前应训练仔猪多采食乳猪料，

这样有利于促进仔猪建立消化乳猪料的消化机制，为断奶创造条件。断奶当天哺乳母猪不喂料，将母猪转到空怀母猪栏，仔猪仍留在产床上，最好继续在产床上饲养1～2周。

⑤断奶过渡期应注意的事项　仔猪断奶时，不可避免地受到离开母猪、食物改变的应激，会表现明显的不安全感、消化功能受到影响、抵抗力下降，容易发生各种疾病，尤其是断奶腹泻综合征。要使仔猪顺利度过断奶适应期，除了控制饲料的喂量外，最好在饮水中加入口服补液盐、抗腹泻的抗生素或在饲料中添加乳酶生。从管理角度上，断奶后第一周内应尽量避免安排对仔猪产生应激的管理项目，不换圈、不分群并群、不免疫、不驱虫、不去势、不换料、不换饲养员。

⑥断奶登记　仔猪断奶后，应进行断奶登记，记录仔猪的断奶日龄、断奶重、断奶窝重、均匀度、存活率等。

3. 仔猪保育期的管理　仔猪从断奶过渡期结束至10周龄为保育期。保育期的管理应做到以下几个方面。

(1)采用全进全出制　断奶仔猪在产床上饲养1周(或2周)应全部转入保育舍。如果采用全窝饲养法的，只要仔猪群体重相差不大，可全窝转入同一圈舍内。不采用全窝饲养法的，应根据体重、性别进行分群，建议进行大栏饲养，每栏为14～18头。

(2)仔猪的调教　在管理中，应注意建立人、猪之间的亲和关系，要善待仔猪，避免仔猪过度紧张。仔猪进圈前应设计好仔猪排泄地点，洒少量的水，并在以后的管理中训练仔猪定点排泄的习惯。

(3)环境控制　4周龄的仔猪的环境适宜温度为28℃，以后每周降低1℃～2℃，直到21℃为止。每天清粪、打扫1次，保持猪舍的干燥、温暖、无贼风。用换气扇降低有害气体浓度。每3天更换1次脚踏消毒盆内的消毒液，每周喷雾消毒1次；至少每3周冲洗猪圈1次。仔猪转舍后立即清理打扫猪栏、设备，用高压冲洗机将猪舍彻底冲洗干净后，用3%火碱消毒液对地板、猪栏进行喷洒消毒。30～60分钟后用清水冲净，风干备用。

（七）生长肥育猪的管理

生长肥育猪的管理较为简单，每天主要工作是喂料、清粪、冲洗消毒。

1. 饲养密度 在工厂化养猪场的半漏缝地板上饲养肥育猪，密度为0.8米^2/头；栅栏结构，水泥地面饲养密度为1～1.2米^2/头。冬季可适当增大饲养密度。密度太大会影响每头猪的采食、饮水和躺卧空间，造成生长不整齐，影响饲料转化效率和生长速度。

2. 肥育猪圈面积及群体大小 肥育猪圈一般为9～12平方米，可养8～10头肥育猪。大圈面积可达20平方米甚至更大，饲养17～20头肥育猪。在肥育猪管理中，除采用全窝饲养外，建议采用大圈饲养。因为大圈饲养猪群相对较卫生，有利于猪群健康。不提倡5～6头的小圈饲养，这种小圈卫生一般都较差，既不利于猪群健康，又不利于猪舍的清扫，劳动效率也低。群养猪由于个体之间的竞争采食，猪群的采食量较大，能促进生长发育。但由于群体中的位次关系，体质弱的个体由于位次低，会逐渐拉大与群体的差距。因此，在饲养管理过程中，应经常检查猪群，将生病、体弱的个体从圈舍中挑出来，进行治疗和另外组群。

3. 适宜的出栏体重 猪的出栏体重受饲料价格、猪价及收购商的要求等因素制约，如果饲料价格较低，而猪价较高，出栏体重可考虑接近收购商所规定的上限体重；如果情况相反，只要达到上市的最低标准就可出售。良种猪一般体重达到 100 千克时，饲料利用率下降较快，所以一般情况下出栏体重在 80～110 千克较合适。

第六章　猪的疫病防治标准化

一、消毒与防疫标准化

(一)消毒程序

规模化、集约化、高密度的饲养方式更容易造成疫病的流行。猪场一旦发病，将导致严重的经济损失。消毒工作是切断疫病的传播途径、杀灭或清除停留在猪体表及存活在周围环境的病原体、消灭疫病源头的好办法，是猪场生物安全体系的中心内容和保障。因此，消毒是兽医防疫工作中的重要内容之一。

1. 猪场常用的化学消毒剂

(1)氯制剂类

①漂白粉　有效氯≥25%，饮水消毒浓度为0.03%～0.15%。

②优氯净类　如消毒威、消特灵，使用浓度为1∶300～1∶500，喷雾或喷洒消毒。

③二氧化氯类　如杀灭王，使用浓度为1∶300～1∶500，作喷雾或喷洒消毒。

(2)过氧化物类　过氧乙酸，多为A、B二元瓶装，先将A、B液混合作用24～48小时后使用，其有效浓度为18%左右。喷雾或喷洒消毒时的配制浓度为0.2%～0.5%，现用现配。

(3)醛类　福尔马林，多为36%的甲醛，用于密闭猪舍的熏蒸消毒，一般为福尔马林14毫升/米^{3}加高锰酸钾7克/米^3。消毒时，环境湿度应大于75%，猪舍密闭24小时以上，然后通风。

(4)季铵盐类　如50%百毒杀、拜洁等，使用浓度分别为1∶100～1∶300，1∶500，喷雾或喷洒消毒。

(5)酚类　菌毒敌、菌毒灭，使用浓度为1∶100～1∶300。

(6)强碱类

①火碱　含量不低于98%，使用浓度为2%～3%，多用于环境消毒。

②生石灰　多用于环境消毒，必须用水稀释成10%～20%的石灰乳。

(7)弱酸类　灭毒净，使用浓度为1∶500～1∶800。

(8)碘制剂类　威力碘、百菌消-30等。

2. 选用消毒剂应注意事项　由于消毒剂种类很多，选择时要综合考虑以下几点：①选择的消毒剂具有效力强、效果广泛、生效快且持久、稳定性好、渗透性强、毒性低、刺激性和腐蚀性小、价格适中的特点。②充分考虑本场的疫病种类、流行情况和消毒对象、消毒设备、猪场条件等，选择适合本场实际情况的几种不同性质的消毒剂，依据本场实际需要的不同，在不同时期选择针对性较强的消毒剂，消毒剂的使用浓度必须超过所必需的最低浓度，要尽可能长时间地保持消毒剂与病原微生物的接触。③使用消毒剂消毒前，必须先清洁污物，尽可能消除影响消毒效果的不利因素（粪、尿和垃圾等）。④使用消毒剂时，必须现用现配，混合均匀，避免边加水边消毒等现象。⑤在实际生产中，需使用两种以上不同性质的消毒剂时，可先使用一种消毒剂消毒，60 分钟后用清水冲洗，再使用另一种消毒剂，不能长久使用同一性质的消毒剂，坚持定期轮换不同性质的消毒剂。⑥猪场要有完善的各种消毒记录，如入场消毒记录、空舍消毒记录、常规消毒记录等。

3. 消毒程序 消毒可分为终端消毒和经常保护性消毒，前者指空舍或空栏后的消毒，后者指舍内及四周的经常性消毒（包括定期带猪消毒、场区消毒和人员入场消毒等）。

(1)终端消毒 终端消毒程序可分为以下六步。

①干燥清扫。空舍或空栏后，彻底清除栏舍内的残料、垃圾和墙面、顶棚、水管等处的尘埃等，并整理舍内用具。当有疫病发生时，必须先进行消毒，再进行必要的清扫工作，防止病原的扩散。

②栏舍、设备和用具的清洗。先对所有的表面进行低压喷洒并确保其充分湿润，喷洒的范围包括地面、猪栏、进气口、各种用具等，尤其是饲槽和饮水器，有效浸润时间不低于 30 分钟。然后使用高压水枪彻底冲洗地面、饲槽、饮水器、猪栏、进气口、各种用具、粪尿沟等，直至上述区域显得清洁为止。

③水洗干燥后，关闭门窗，用速灭 5 号、过氧乙酸熏蒸或高锰酸钾与甲醛熏蒸消毒 12 小时。

④栏舍、设备和用具的消毒。使用选定的广谱消毒药彻底消毒栏舍内所有表面及设备、用具。必要时，可先用 2%～3%火碱液对猪栏、地面、粪尿沟等喷洒浸泡，30～60 分钟后低压冲洗；后用另外一种广谱消毒液（0.3%过氧乙酸、1∶300 菌毒灭或 1∶500 消毒威）喷雾消毒。此方法要注意使用消毒药时的稀释度、药液用量和作用时间。消毒后栏舍保持通风、干燥，空置 5～7 天。

⑤恢复栏舍内的布置。清扫、清洗、消毒后，检查、维修栏

舍内的设备、用具等，充分做好入猪前的准备工作。

⑥入猪前1天再次喷雾消毒。

(2)经常保护性消毒　经常性的卫生防护消毒包括以下10个方面的内容。

①场区入口处设立消毒池，池长等于车轮周长的2.5倍，宽度与整个入口相同，用1∶300菌毒灭或3%火碱溶液注满消毒池，每周更换1次，保持消毒池内消毒药液的有效性。场区入口处设专职人员，负责进出人员、车辆和物品的消毒、登记及监督工作，负责维护消毒池、更换消毒剂。

②进入猪场的一切人员，须经"踩、照(喷雾)、洗、换"四步消毒程序(踩火碱消毒垫，照射紫外线10～15分钟或经喷雾，用1∶1200消毒威或1∶500强效碘溶液等消毒液洗手，更换场区工作服、鞋等并经过消毒通道)方能进入场区，必要的外来人员来访依上述程序并穿全身防护服入场。

③进入生产区的人员，在生产区消毒间用紫外线灯消毒15分钟，用消毒液洗手，更换进入生产区衣物、雨鞋后，经2%～3%火碱消毒池后方可进入生产区；进舍需在外更衣室脱掉所穿衣物，在淋浴室用温水彻底淋浴后，进入内更衣室，穿舍内工作服、雨鞋后进舍。

④生产用车辆必须在场区入口处进行消毒，经2%～3%火碱消毒池后，用1∶800消毒威药液对来往车辆的车身、车底盘、驾驶室地板彻底地喷洒消毒；进入生产区车辆必须经再次喷雾消毒。进入场区的物品，在紫外线下照射30分钟，或喷雾，或浸泡，或擦拭消毒后方可入场；进入生产区的物品再次用消毒液喷雾或擦拭到最小外包装后方可进入生产区使用。

⑤外来购猪车辆一律禁止入场，装猪前应严格喷雾消毒；

售猪后，对使用过的装猪台、磅秤及时进行清理、冲洗、消毒。

⑥每间猪舍入口处设一消毒脚盆并定期更换消毒液，人员进出各舍时，双脚都必须踏入消毒盆1次。

⑦免疫接种、接产、手术等生产过程要注意操作人员、猪体、器械、药品的消毒。

⑧饲槽及其他用具需每天洗刷，定期用1∶500菌毒敌溶液进行消毒，各舍每周打扫卫生后带猪喷雾消毒1次，全场每2周喷雾消毒1次，不留死角；消毒药品视不同环境条件选用不同种类的消毒剂，基本上每3个月更换1次。

⑨饮水消毒，可选用消毒威、25%有效氯漂白粉、50%百毒杀或速灭5号等消毒药液对饮用水和生产用水进行消毒。

⑩产房地面和设施用水冲洗干净，干燥后用速灭5号或甲醛熏蒸12小时，再用1∶300菌毒灭或1∶500消毒威溶液消毒1次，然后用干净水冲去残药，最后用10%石灰水刷地面和墙壁，母猪进入产房前全身洗刷干净，再用1∶500菌毒敌液消毒全身后进入产房，母猪分娩前用0.1%新洁尔灭液消毒乳房和外阴部，分娩完毕，再用0.1%新洁尔灭液抹拭乳房、外阴部和后躯，清理胎衣和产房。

（二）免疫接种技术

免疫接种是预防猪某些传染病的重要手段之一，通过人为地给猪接种疫苗，使之产生对某种传染病的特异性抵抗力，使易感猪变成非易感猪的一种手段。免疫接种可分为两种，一种是预防接种，即为了预防某些传染病的发生和流行，平时有计划地给健康猪进行的免疫接种；另一种为紧急接种，即在发生传染病时，为了迅速控制和扑灭疫病的流行，而对疫区和受威胁区尚未发病的猪只进行的应急性免疫接种。免疫接种在养猪业生产中是一项十分重要的工作，只有认真贯彻预防为主的方针，防病于未然，特别是猪的许多病毒性传染病，目前还没有很好的治疗方法，只有通过免疫接种使猪体产生保护力，才能预防这种疾病的发生。

1. 疫苗与菌苗的类型和特性 凡由特定病毒制成的免疫制剂称为疫苗。凡由特定细菌、支原体等制成的免疫制剂称为菌苗。凡将特定病毒、细菌等微生物毒力致弱制成的疫(菌)苗称为活疫(菌)苗；利用物理或化学的方法使其失去活力制成的疫(菌)苗称灭活疫(菌)苗。另外，用于其他动物由细菌外毒素制成的免疫制剂为类毒素等。疫苗一般用于相对应的病毒性传染病的预防接种；菌苗用于相对应的细菌性传染病的预防接种。弱毒疫(菌)苗接种后产生免疫较快，因此可做预防接种，也可做紧急接种。灭活疫(菌)苗，在制作过程中，加有油、胶等佐剂，免疫接种后在体内吸收时间较长，一般经半个月时间才能产生免疫，但免疫期较长。常用疫(菌)苗类型与特点简述如下。

(1)冷冻真空干燥苗 大多数的活疫(菌)苗都采用冷冻真空干燥的方式冻干保存，可延长疫(菌)苗的保存时间，保持疫(菌)苗的效价。病毒性和细菌性冻干苗常在－15℃以下保存，一般保存期2年。

(2)油佐剂灭活苗 这类疫(菌)苗为灭活苗，以白油为佐剂乳化而成。大多数病毒性灭活疫苗采用这种方式。油佐剂疫苗注入肌肉后，疫苗中的抗原物质缓慢释放，从而延长疫苗的作用时间。这类疫苗在2℃～8℃保存，禁止冻结。

(3)铝胶佐剂疫(菌)苗 以铝胶按一定比例混合而成，大多数细菌性灭活菌苗采用这种方式，作用时间比油佐剂疫苗快，在2℃～8℃保存，不宜冻结。

(4)蜂胶佐剂灭活疫(菌)苗　以提纯的蜂胶为佐剂制成的灭活疫(菌)苗，蜂胶具有增强免疫的作用，可增加免疫的效果，减轻注苗反应。这类灭活苗作用时间比较快，但制苗工艺要求高，需高浓缩抗原配苗。2℃～8℃保存，不宜冻结，用前充分摇匀。

2. 疫(菌)苗的选择　选择疫(菌)苗时应了解疫(菌)苗生产单位的基本情况，特别是疫(菌)苗研究情况；是否是经国家批准的正规厂家等。详细了解新选疫(菌)苗的特性、性能，是否有通俗易懂的说明书。进口苗要有中文说明。是否有定点销售单位，一般情况下，有定点销售单位的疫(菌)苗质量相对有保证，使用者可通过定点销售单位全面了解疫(菌)苗的性能和使用方法，切忌贪图便宜，购买游走商贩的疫(菌)苗。是否有售后服务体制，有售后服务体制的单位，疫(菌)苗的使用效果反馈与再研究有一套完整的体系，研制的疫(菌)苗才能不断完善，不断改进，如果没有这样的信息反馈，疫(菌)苗生产单位就会只顾生产、销售，其他一概不问，疫(菌)苗质量很难有保证。

3. 疫苗与菌苗的保存　疫(菌)苗均为生物制剂，若保管不好即会使之很快变质，影响免疫效果，因此必须有较好的保存条件。一般冷冻真空干燥疫苗均应冻结保存。一般油苗、胶苗等液体苗应保存在2℃～8℃环境中，切忌冻结。保存疫苗时还应注意避免阳光照射，存放于干燥、阴凉处。具体采用何种方法保存可按照说明进行，保存疫(菌)苗应注意温度的相对稳定，不能忽高忽低，注意不能断电。有条件的单位，为避免因断电而造成疫(菌)苗失效，可装设小型发电设备或逆变电源。疫(菌)苗保存好坏，直接影响到它的免疫效果，也就是影响到对疫病防控的质量。在保存过程中，要经常查对各种疫苗的编号、类型、规格、生产厂家及有效日期，对标签不明的、变质、过期的应及时销毁。

4. 疫苗与菌苗的运输 在疫苗的采运过程中首先应准备保温设备，如保温箱、保温瓶等，以最快的速度运到目的地；在运输过程中要减轻振荡，以免造成疫苗瓶的破裂；同时在运输中需要周转的，应尽量减少周转次数。

5. 疫苗与菌苗的稀释 疫（菌）苗的冻干苗（活苗）的稀释，有专用稀释液的用专用稀释液稀释，没有专用稀释液的疫（菌）苗可用灭菌注射用水和蒸馏水稀释，不能用自来水。疫（菌）苗使用时要现配现用，并严格按照标签说明的剂量进行稀释，疫苗开启和稀释后必须在规定时间内用完（弱毒疫苗3～6 小时；灭活苗当天用完）。

6. 疫苗与菌苗的质量鉴别 首先要看是否是国家规定的厂家生产的，有无批号、标签、有无完整的说明书，有无出厂日期，冻干苗是否达到真空，水剂、油乳剂等有无变质、变色、异物、油水分离等现象，疫（菌）苗瓶口、瓶身有无裂痕、瓶盖是否松动等，若有以上问题的一律不能用。

7. 免疫接种时应注意的事项

①免疫接种要根据猪群存在的疫病或受到威胁的情况来确定要接种的疫苗，制定免疫接种计划。对于过去从未发生过的疫病，没有必要接种；对新生仔猪和从外地引进猪要及时补种。

②在预防接种前，要全面了解和检查猪群健康状况、妊娠状态、饲养管理状况及疾病发生状况。对于正在患病的猪、刚阉割伤口未愈合的猪、临产母猪最好暂不接种。

③如果同一时间需要接种两种以上疫苗时，要考虑疫苗之间的相互影响。如果疫苗间互不干扰或者有促进作用可以

同时接种;如果相互之间有抑制作用禁止同用。

④免疫接种必须按合理的免疫程序进行。免疫程序的制定要根据本地疾病流行情况、猪的用途、年龄、免疫途径、母源抗体的消长规律及疫苗种类、性质来确定。

⑤防止人为传播,注意消毒,对注射器械、稀释疫苗的瓶、疫苗瓶盖、吸疫苗的针头、注射部位、注射的针头使用前要进行严格消毒,要求一猪一个针头,以免疾病传播或造成继发感染。废弃的疫苗要烧掉或深埋,不能乱丢。

⑥在使用过程中,应避免阳光照射和高温高热,在高温季节使用疫(菌)苗,要做到苗不离保温瓶,瓶不离冰。免疫注射后要注意观察猪群情况,发现异常应及时处理。注意菌苗口服时,拌苗用饲料及水禁忌偏酸,不能用酸败及发酵饲料,不能饮热水、热食。喂苗前须将用具用碱水洗涤,并冲净,群养猪最好大小分开喂苗,使每头猪都能吃到规定剂量的疫苗,必须空腹喂苗,最好是清晨喂饲,喂苗后需经 30 分钟后,方可喂饲。

⑦注意分清同一圈内的已接种和未接种猪,防止接种过度或重复接种;防漏打,防打飞针,免疫剂量要准确。

⑧免疫前后不要滥用药物。免疫前 1 周不要用肾上腺素类的药;弱毒菌苗免疫前后 1 周不使用抗生素。

8. 免疫接种方法

(1)皮下注射　皮下注射是目前使用最多的一种方法,大多数疫苗都是经这一途径免疫。皮下注射是将疫苗注入皮下结缔组织内,经毛细血管、淋巴管吸收进入血液,通过血液循环到达淋巴组织,从而产生免疫反应的一种免疫方法。注射部位多在耳根皮下,油类疫苗不宜皮下注射。

(2)肌内注射　由于肌肉内毛细血管丰富,注入药液吸收迅速，许多疫苗都可采用肌内注射。注射多选择肌肉发达、厚实、没有大血管和神经通过的耳根部、颈部和臀部。注射时注意针头要足够长，以保证疫苗确实注入肌肉里。

(3)滴鼻接种　滴鼻接种是属于黏膜免疫的一种，黏膜是病原体侵入的最大门户，有 95%的感染发生在黏膜或由黏膜侵入机体，黏膜免疫接种既可刺激局部产生免疫，又可建立针对相应抗原的共同黏膜免疫。目前使用比较广泛的是猪伪狂犬病基因缺失疫苗的滴鼻接种。

(4)口服接种　由于消化道温度和酸碱度都对疫苗的效果有很大的影响，因此这种方法目前很少使用。

(5)气管内注射和肺内注射　这两种方法多用在猪喘气病的预防接种。

(6)穴位注射　传染性胃肠炎、流行性腹泻疫苗多采用后海穴注射，能诱导较好免疫反应。

9. 猪常用疫(菌)苗的使用方法

(1)猪瘟兔化弱毒冻干疫苗　本品为海绵状疏松固体，呈乳白、淡黄或淡红色。加入生理盐水后，迅速成为均匀的浑浊液，按其所标示的头份量，使每头份稀释成 1 毫升浑浊液。于股内侧、臀后或耳根后皮下或肌内注射。无论猪只大小，均注射 1 毫升。在无猪瘟流行的地区，一般在猪 60 日龄断奶时注射 1 次。如果猪群周围有疫情发生，应注射 2 次：第一次在 21～30 日龄注射；第二次在断奶后(65 日龄左右)注射，免疫期为 1 年。成年猪每年春、秋季各免疫接种 1 次。

(2)猪瘟、猪丹毒、猪肺疫三联活疫苗　按瓶签标明头份用 20%氢氧化铝胶生理盐水稀释，每头猪均肌内注射 1 毫升，未断奶猪注射后隔 2 个月再注苗 1 次，注射后 14～21 天产生免疫力。免疫期为 6 个月。

(3)猪肺疫氢氧化铝菌苗及口服猪肺疫弱毒菌苗

①猪肺疫氢氧化铝菌苗　使用时充分摇匀，不论大小猪均为皮下注射5毫升，注射后14天产生免疫力。免疫期为9个月。

②口服猪肺疫弱毒菌苗　不论大小猪一般口服3亿个菌，按猪数计算好需要菌苗剂量，用清水稀释后拌入饲料，注意要让每一头猪都能吃到一定的饲料，口服7天后产生免疫力。免疫期为6个月。

(4)猪丹毒弱毒活疫苗及猪丹毒灭活疫苗

①猪丹毒弱毒活疫苗　不论大小猪，按瓶签标明用稀释液稀释后，均皮下注射1毫升(每剂含活菌5亿个)，注射后7天产生免疫力。免疫期为6个月。

②猪丹毒灭活疫苗　凡体重10千克以上的断奶猪，皮下注射5毫升；10千克以内的小猪或未断奶的猪皮下注射3毫升，1个月后再补注3毫升。注射后21天产生免疫力。免疫期为6个月。

(5)猪丹毒、猪肺疫氢氧化铝二联灭活疫苗　10千克以上断奶仔猪及成年猪皮下或肌内注射5毫升；10千克以下仔猪注射3毫升，间隔45天再注射3毫升。注射后14～21天产生可靠的免疫力。免疫期为6个月。

(6)猪喘气病苗

①猪喘气病弱毒冻干疫苗　用生理盐水注射液稀释，对妊娠2月龄内的母猪在右侧胸腔倒数第六肋骨与肩胛肩后缘3.5～5厘米处进针，刺透胸壁注射，每头5毫升。注射前后皆要严格消毒，每头猪1个针头。

②猪霉形体肺炎(喘气病)灭活菌苗　仔猪于1～2周龄首免，2周后第二次免疫，每次2毫升，肌注。接种后3天即

可产生良好的保护作用,并可持续7个月之久。

(7)猪传染性萎缩性鼻炎疫(菌)苗

①猪萎缩性鼻炎三联灭活菌苗　本菌苗含猪支气管败血波氏杆菌、巴氏杆菌A型和产毒素5型及巴氏杆菌A、D型类毒素。每次每头猪肌内注射2毫升。母猪:产前4周接种1次,2周后再接种1次。种公猪:每年接种1次。仔猪:母猪产前已接种,仔猪于断奶前接种1次;母猪产前未接种,仔猪于7~10日龄接种1次(如猪场污染严重,应在首免后2~3周加强免疫1次)。

②猪传染性萎缩性鼻炎油佐剂二联灭活疫苗　颈部皮下注射。母猪于产前4周注射2毫升,新进未经免疫接种的后备母猪应立即接种1毫升。仔猪1周龄注射0.2毫升(未免母猪所生),4周龄时注射0.5毫升,8周龄时注射0.5毫升。种公猪每年2次,每次2毫升。

(8)猪细小病毒灭活氢氧化铝疫苗

①猪细小病毒灭活氢氧化铝疫苗　使用时充分摇匀。母猪、后备母猪于配种前2~8周,颈部肌内注射2毫升;公猪于8月龄时注射。注苗后14天产生免疫力。免疫期为1年。

②猪细小病毒病灭活疫苗　母猪配种前2~3周接种1次;种公猪6~7月龄接种1次,以后每年只需接种1次。每次剂量2毫升,肌内注射。

(9)伪狂犬病毒弱毒疫苗　乳猪第一次肌注疫苗0.5毫升,断奶后再肌注疫苗1毫升。3月龄以上猪1毫升。成年猪和妊娠母猪(产前1个月)2毫升。注苗后6天产生免疫力。免疫期为1年。

(10)兽用乙型脑炎疫苗　为地鼠肾细胞培养减毒苗,在疫区于流行期前1~2个月免疫,5月龄以上至2岁的后备公、母猪可皮下或肌内注射 0.1 毫升。免疫后 1 个月产生坚强的免疫力。

(11)猪O型口蹄疫灭活疫苗　乳白色或淡红色黏滞性乳状液,用于预防猪O型口蹄疫。注射前 1 天,取出疫苗放室温并充分摇匀,耳根后肌内注射。10～25 千克的猪注射 2 毫升,25 千克以上的猪注射 3 毫升。注苗后 25 大产生免疫力,免疫期为 6 个月。

(12)仔猪红痢灭活疫苗　静置后,上层为橙黄色透明液体,下层为灰白色沉淀,振荡混匀后为均匀浑浊液。用于预防仔猪红痢。母猪在分娩前 30 天和 15 天,各肌内注射 1 次,每次 5～10 毫升。免疫过该疫苗的母猪仅需于分娩前 15 天注射 5 毫升。母猪初乳中可产生足够的抗体,仔猪通过初乳被动免疫。

(13)仔猪大肠埃希氏菌病三价灭活疫苗　静置后分层,上层为无色的透明液体,下层为乳白色沉淀,振摇后为均匀浑浊液体。用于预防仔猪大肠埃希氏菌引起的腹泻,如黄痢、白痢。妊娠母猪,于产仔前 40 天和 15 天各注射 1 次,每次肌内注射 5 毫升。母猪初乳中可产生足够的抗体,仔猪通过初乳被动免疫。

(14)仔猪腹泻基因工程双价灭活疫苗　疏松海绵状团块,易与瓶壁脱离,淡黄色。使用时加 1 毫升灭菌水溶解。用于预防仔猪黄痢。1 瓶疫苗加 1 毫升无菌水溶解,再与 20%的铝胶 2 毫升混合均匀,于母猪临产前 21 天左右耳根部皮下注射,1 次即可。母猪初乳中可产生足够的抗体,仔猪通过初乳被动免疫。

(15)猪副伤寒弱毒冻干苗　要按标签上的说明稀释后使用,对 1 月龄的仔猪和断奶仔猪,一律于耳根浅层肌注 1 毫升。一般在注射后 7 天即可产生免疫力。

(三)无公害生猪生产中病死猪的处理

1. 需要无公害处理判定指标 ①猪只发生急性死亡；②高热、呼吸困难；③口、鼻腔流出带血色泡沫液体；皮肤充血、淤血、出血；④出现脑膜炎、神经症状；⑤与病死猪有密切接触的人员出现高热、恶心、呕吐、昏迷、死亡情况。

判定符合标准条件①、⑤其中之一者以及②、③、④中两条以上者，必须立即上报，同时对病死猪采取无害化处理措施，对受到病死猪污染的环境、场地、用具进行严格消毒处理。

2. 无害化处理方法

(1)一般原则 动物防疫监督机构应全过程监控无害化处理工作；无害化处理人员应当接受过专业技术培训；疫情发生后，应尽早采取无害化处理措施，以减少疫情扩散；无害化措施以尽量减少损失，保护环境，不污染空气、土壤和水源为原则；确保所采取的任何一种无害化处理措施都能够杀灭病原。

(2)具体方法

①深埋 深埋地点应在感染的饲养场内或附近，远离居民区、水源、泄洪区和交通要道；深埋地点不得用于农业生产，并应避开公众视野，且清楚标示；坑的覆盖土层厚度应不小于 1.5 米，坑底铺垫生石灰；坑的位置和类型应有利于防洪和避免动物扒刨；尸体置于坑中后，上撒生石灰，厚度不小于 2 厘米，再用土覆盖至与周围持平；填土不要太实，以免尸腐产气造成气泡冒出和液体渗漏；污染的饲料、排泄物和杂物等物品，也应喷洒消毒剂后与尸体共同深埋。

②焚烧 无法采取深埋方法处理时，采用焚烧处理。焚

烧时应符合环保要求；疫区附近有大型焚尸炉的，可采用焚化的方法；处理的尸体和污染物量小的，可以挖不小于2米深的坑，浇油焚烧。

(3)消毒措施　对被污染圈舍内外先消毒后进行清理和清洗，清洗完毕后再消毒；对污染的污物、饲料等做深埋、发酵或焚烧处理。粪便等污物做深埋、堆积密封发酵或焚烧处理；对地面和各种用具等彻底冲洗、消毒，并用水洗刷圈舍、车辆等，对所产生的污水进行无害化处理。对金属设施设备，可采取火焰、熏蒸等方式消毒；对其他饲养圈舍、场地、车辆等采用消毒液喷洒的方式消毒。

二、各类猪群免疫程序

(一)商品猪

1. 猪瘟免疫　20日龄首免猪瘟弱毒疫苗，免疫剂量为1头份，肌内注射。

在常发猪瘟病的疫场可采取超前免疫的方法，即在初生仔猪擦干体表黏液后，立即肌内注射猪瘟弱毒疫苗1头份，待1.5～2小时后再让仔猪吃奶。采用该方法时，20日龄不再做免疫。

60日龄，猪瘟二免：免疫剂量4头份。

2. 伪狂犬病免疫　发生过伪狂犬病的猪场，母猪妊娠后期未做伪狂犬病弱毒疫苗免疫的后代仔猪可在1～8日龄时进行伪狂犬病弱毒疫苗免疫注射(肌内)，免疫剂量为1头份。

3. 繁殖与呼吸障碍综合征(蓝耳病)免疫　20～30日龄，繁殖与呼吸障碍综合征灭活苗，肌内或皮下注射1～2毫升。

4. 仔猪水肿病免疫 20～25 日龄，仔猪水肿病苗，颈部肌内注射 2 毫升。

5. 猪链球菌病免疫 20～30 日龄，猪链球菌病灭活苗，肌内或皮下注射 1 毫升，2 周后二免 2 毫升。

6. 仔猪副伤寒免疫 30 日龄或断奶后，用仔猪副伤寒灭活苗，免疫剂量为肌注 1 头份，口服 4 头份，常发病场 3～4 周后二免。

7. 传染性胃肠炎免疫 35 日龄或断奶后，采用弱毒或灭活苗。免疫剂量为 1 头份。以后每年进行 1 次(哈尔滨兽医研究所有苗供应)。

8. 口蹄疫免疫 45～50 日龄，用浓缩灭活苗，颈部肌内注射或风池穴(耳后枕骨下)，或后海穴(肛门与尾根之间的凹陷处)注射。体重 30 千克以下 1 毫升、30～80 千克 2 毫升、80 千克以上 3 毫升，间隔 1 个月做 1 次加强免疫。

9. 猪丹毒免疫 60 日龄，用猪丹毒弱毒疫苗，颈部肌内注射或口服，免疫剂量 1 头份。

10. 猪肺疫免疫 用猪肺疫弱毒疫苗，口服，免疫剂量 1 头份。

外购仔猪进场观察 48 小时后免疫口蹄疫 1 次，20～30 天后二免。在首免口蹄疫 3～7 天后分别免疫猪瘟、猪丹毒、猪肺疫、仔猪副伤寒苗各 1 次，每次间隔 3～7 天。

(二)母　猪

1. 细小病毒病免疫 配种前 4～5 周，用猪细小病毒灭活苗，颈部肌内注射 2 毫升，2～3 周后二免。

2. 伪狂犬病免疫 产前 1 个月，用伪狂犬病弱毒疫苗，颈部肌内注射 2 毫升。

3. 猪口蹄疫免疫 配种前 4 周，用猪口蹄疫浓缩灭活苗，颈部肌内注射 3 毫升，或每年 3 月下旬、10 月上旬各免疫 1 次。

4. 猪瘟免疫 仔猪二免后 6 个月，用猪瘟细胞苗，颈部肌内注射 4 头份，产仔断奶后至再配间隔期内免疫 1 次或每半年免 1 次。

5. 猪丹毒免疫 每年 3 月下旬、10 月上旬，用猪丹毒菌苗，颈部肌内注射或口服 1 头份，每半年免疫 1 次。

6. 猪肺疫免疫 每年 3 月下旬、10 月上旬，用猪肺疫菌苗，口服 1 头份，每半年免疫 1 次。

7. 猪繁殖与呼吸障碍综合征免疫 配种前 4～5 周，用繁殖与呼吸障碍综合征灭活苗，颈部肌内注射 2～4 毫升，分娩前 4～5 周二免。

8. 猪大肠杆菌病免疫 临产前 30～40 天，用猪大肠杆菌基因工程苗，颈部肌内注射 2～5 毫升，临产前 15～20 天二免，以后每次临产前 15～20 天免疫 1 次即可。

9. 猪传染性胃肠炎免疫 临产前 20～30 天，用猪传染性胃肠炎与流行性腹泻二联灭活苗，后海穴注射 4 毫升。

10. 猪萎缩性鼻炎免疫 临产前 2 个月，用猪萎缩性鼻炎灭活苗，颈部肌内注射 2 毫升，临产前 1 个月二免，以后每次临产前 1 个月免疫 1 次即可。

11. 猪链球菌病免疫 临产前 70 天，用猪链球菌病灭活苗，肌内或皮下注射 2 毫升，临产前 21 天二免。

12. 猪传染性胸膜肺炎免疫 临产前 40～45 天，用猪传染性胸膜肺炎灭活苗，颈部肌内注射 2 毫升，临产前 20～25 天二免，以后每次临产前 1 个月免疫 1 次即可。

13. 猪梭菌性肠炎免疫 临产前 50～60 天，用猪梭菌性肠炎灭活苗，颈部肌内注射2毫升，临产前25～30天二免，以后每次临产前30天免疫1次即可。

14. 猪乙型脑炎免疫 每年蚊虫出现前20～30天，用猪乙型脑炎灭活苗，颈部肌内注射2毫升，10～15天后二免，以后每年免疫1次即可。

15. 猪喘气病免疫 每半年，胸腔注射2毫升猪喘气病弱毒冻干苗。

（三）种公猪

1. 猪口蹄疫免疫 每4个月，用猪口蹄疫浓缩灭活苗，颈部肌内注射或穴位注射3毫升。

2. 猪瘟免疫 每6个月，用猪瘟细胞苗，颈部肌内注射4头份。

3. 猪丹毒免疫 每6个月，用猪丹毒菌苗，颈部肌内注射或口服1头份。

4. 猪肺疫免疫 每6个月，用猪肺疫菌苗，口服1头份。

5. 猪链球菌病免疫 每6个月，用猪链球菌病灭活苗，肌内或皮下注射2毫升。

6. 猪喘气病免疫 每6个月，用猪喘气病弱毒冻干苗，胸腔注射2毫升。

7. 猪传染性胸膜肺炎免疫 每6个月，用猪传染性胸膜肺炎灭活苗，颈部肌内注射2毫升。

8. 猪细小病毒免疫 每6个月，用猪细小病毒灭活苗，颈部肌内注射2毫升。

9. 猪伪狂犬病免疫 每6个月，用猪伪狂犬病灭活苗，颈部肌内注射2毫升。

10. 猪繁殖与呼吸障碍综合征免疫 每6个月，用繁殖与呼吸障碍综合征灭活苗，颈部肌内注射 2～4 毫升。

本免疫程序仅供参考，不适合所有养殖地区猪的免疫，当地猪的免疫程序应参考当地流行病情况而定。

三、猪病防控技术

（一）猪群健康检查规程

1. 呼吸系统检查

（1）呼吸运动　呼吸次数检查通常是看猪的胸部起伏或腹部肌肉运动，也可将手背放在猪的鼻盘前端，检查呼出气流次数。健康猪的呼吸次数为每分钟 18～30 次。呼吸次数增加，见于肺脏、胸膜、心脏及胃肠疾病；呼吸次数减少，见于产后麻痹、脑病及上呼吸道狭窄。猪正常呼吸时采用胸腹式呼吸；患猪采用胸式呼吸常提示有腹部疾患，如急性腹膜炎、肠臌气、腹腔积液、腹壁外伤和腹壁疝等；相反，患猪采用腹式呼吸常提示有胸部疾患，如胸膜炎、肺气肿、胸腔积液和肋骨骨折等。呼吸困难也是常见的病理性呼吸障碍，吸气性呼吸困难主要见于鼻腔狭窄、喉头水肿、咽喉炎和猪传染萎缩性鼻炎等；呼气性困难主要见于急性细支气管炎、慢性肺气肿和胸膜炎等；混合性呼吸困难常见于肺源性疾病，如各种肺炎、猪肺疫、猪喘气病等，还见于心源性、血源型、中毒性、神经性等原因引起。

（2）鼻液　健康动物一般没有鼻液，如果有鼻液均属于病理现象。根据鼻液的性质可分为四种，浆液性鼻液常见于鼻炎、流行性感冒、气管炎初期；黏液性鼻液常见于急性上呼吸道感染、支气管炎中期；脓液性鼻液常见于化脓性鼻炎、副鼻窦炎;出血性鼻液常见于鼻黏膜外伤、鼻腔寄生虫、败血性传染病、大叶性肺炎。单侧性鼻液一般是鼻道疾病;双侧鼻液一般见于肺和气管疾病。

(3)咳嗽　根据咳嗽的性质可分干咳和湿咳。干咳声音清脆、短促、疼痛、咳而无痰,提示呼吸道内无分泌物或仅有少量黏稠的分泌物,常见于喉及气管异物、慢性喉炎、气管支气管炎、小叶性肺炎及大叶性肺炎初期、肺气肿等;湿咳声音钝浊、低而长,提示呼吸道内有大量稀薄的分泌物,常见于支气管炎、小叶性肺炎、大叶性肺炎后期及肺脓肿、肺坏疽、肺水肿、支气管扩张。根据咳嗽的强度可分为强咳和弱咳,强咳多见于喉炎、支气管炎初期及物理和化学物质对呼吸道黏膜的刺激;弱咳常见于细支气管炎、支气管肺炎、肺气肿和猪肺疫。

2. 消化系统检查

(1)食欲及饮水　食欲减少是病猪首先表现出来的主要症状之一,常见于消化器官的各种疾病和热性病。吃食不定,常为慢性消化器官疾病;食欲从不食到开始吃食是疾病好转的表现;由吃食转为不吃是疾病加重的表现。食欲亢进常见于重病的恢复期及某些代谢病和寄生虫病。饮欲增加常见于某些热性病、严重腹泻和食盐中毒;饮欲减少常见于昏迷脑病和猪狂犬病。

(2)呕吐　若猪采食后一次呕吐大量胃内容物,并在短时间内不再呕吐,常为过食现象;若采食后立即发生频繁的呕吐,直至胃内容物吐完为止,常提示胃炎或胃溃疡;若猪空腹亦出现呕吐,且呕吐物中常有黏液,多见于胃、十二指肠及神经系统疾病;若呕吐物中混有血液,常见于出血性胃炎、胃溃疡和某些出血性素质性疾病;呕吐物中混有胆汁,常提示十二指肠阻塞。仔猪有呕吐症状时,常应考虑病毒感染,如流行性腹泻、传染性胃肠炎、轮状病毒性肠炎、伪狂犬病和猪瘟等。

(3)粪便检查　猪的正常粪便一般比较柔软，呈圆形，结节状，有时比较湿润。患病时，粪便有时干燥硬固，且排便次数减少，排粪困难，这种现象常见于便秘、猪瘟、猪丹毒、猪肺疫、流行性感冒等急性病的初期。相反，粪便稀薄如水，且排粪次数增加，甚至大便失禁，主要见于肠炎、肠内寄生虫、猪瘟后期、仔猪黄、白痢等疾病。

(4)腹部检查　腹部增大见于妊娠、腹腔积气、积液。触诊有搏动的腹部局限性隆起，见于腹壁疝和脓肿。腹部体积缩小，体质衰弱，主要是由于营养不良和慢性下痢等原因造成的。发生腹膜炎时，触诊患猪挣扎有痛感。便秘时，触诊腹部可以摸到坚硬的粪块。发生肠炎时，听诊肠音响亮而快，连续不断；便秘时，肠音短而稀少，甚至听不到肠音。

3. 体表检查　皮肤苍白，是贫血的现象；皮肤发红尤其发生红斑点，就有发生传染病的可能性。猪丹毒的斑点是充血，常呈方块状，指压褪色；猪瘟的皮肤红点是出血，指压不褪色；猪亚硝酸盐中毒时，皮肤呈青白色或蓝紫色。皮肤发绀，特别是在耳尖、鼻端、腹下部、四肢比较显著，这种现象是心脏衰竭或呼吸困难的表现，常见于猪瘟、猪肺疫、中毒和其他严重的疾病；仔猪耳尖、鼻盘发绀又常见于慢性副伤寒。皮肤粗糙，增生肥厚，落屑发痒，是疥癣病的症状。猪的正常鼻盘是湿润而有光泽的，如果干燥，提示有发热现象。在体表被毛稀疏部位，检查时应注意皮肤疱疹性病变。

4. 发育检查　健康猪只发育良好，体躯发育与年龄相称，肌肉结实，体格健壮。发育不良的猪只，多表现为体躯矮小，与同窝的猪只相比发育显著落后，甚至成为僵猪或侏儒猪。典型的僵猪往往是慢性传染病、寄生虫病及营养不良的结果；维生素、矿物质代谢障碍常常引起佝偻病或软骨病。

5. 体温检查 健康猪的体温一般在38℃～39.5℃，2月龄以内的仔猪，体温高达39.3℃～40.8℃，妊娠后期的母猪比空怀母猪体温高0.2℃～0.3℃。测量体温时先把体温计的水银刻度甩到最低刻度线以下，在表头涂上润滑剂，徐徐从肛门插入直肠，插入表身的2/3，保持5分钟后，取出察看。体温高于正常体温，病猪发热；体温低于正常体温，可能是预后不良的表现，也可能是肛门括约肌松弛，体温表插入太浅，或者是直肠宿粪造成的。体温变化只表明病猪的生理状态，不能以此做出诊断，应全面检查，综合判断才能确诊。

（二）传染病防控措施

1. 隔离 将猪群控制在一个有利于防疫和生产管理的范围内进行饲养的方法称为隔离。隔离是最有效的基本疫病防控措施之一。

2. 消毒 见本章的消毒程序。

3. 杀虫与灭鼠 消灭场内有害昆虫与老鼠是消灭疫源和切断传播途径的有效措施，对控制猪场传染病具有十分重要的意义。

（1）*灭蚊蝇方法* 搞好舍内清洁卫生，经常清除粪尿；使用化学杀虫剂灭蚊蝇，可用拟除虫菊酯类、有机磷类等杀虫剂每月在猪舍内外和蚊蝇孳生的场所喷洒2～3次，也可在饲料中拌入防蝇添加剂。

（2）*灭鼠方法* 全场动员，填塞鼠洞，毁其巢穴，破坏老鼠生存环境；投放杀鼠剂，如磷化锌、敌鼠钠盐、安妥等。逐日检查，防止猪只二次中毒。

4. 接种与免疫 见本章的免疫接种技术和免疫程序。

5. 药物预防　药物预防是预防或控制传染病的发生与流行的重要措施。依据猪场历年来的疫病流行资料，在猪可能发病的年龄期、可能流行的季节，或发病的初期对受到威胁的猪群用抗菌药物进行全群投药，常可有效地防止疫病发生或终止其流行；此外，可预防营养元素缺乏引起的群发病、多发病，可防治因猪群的转栏、合群、长途运输和酷暑炎热等因素导致的猪应激等。使用药物在预防传染性疾病时，应根据本地疫病流行规律或临床诊断结果，有针对性地选择敏感性较高的药物，适时进行预防或治疗。对用于预防的药物应有计划地定期轮换使用，防止抗药菌株的产生。猪场一般常用药物主要是抗生素（如青霉素、链霉素、土霉素、四环素、氟苯尼考、新霉素、卡那霉素、庆大霉素、红霉素、林可霉素、先锋霉素等）和各种磺胺类药（磺胺嘧啶、磺胺甲基嘧啶、磺胺二甲基嘧啶、磺胺脒、磺胺喹噁啉等）。此外还有硝基呋喃类药（呋喃唑酮、呋喃西林、呋喃坦啶等）和喹诺酮类药（诺氟沙星、环丙沙星、恩诺沙星等）。在疫病防治技术上，选择一些细菌敏感的药物进行预防，效果较佳，如猪丹毒，对青霉素敏感；弓形虫病，对磺胺类药敏感。同时还应注意使用抗菌增效剂，如抗菌增效剂与磺胺类药并用，可增强疗效；与一些抗生素（如四环素、庆大霉素）合用，能起到协同作用。另外，在饲料添加剂中加入各种维生素、矿物质、微量元素、氨基酸、中草药以及微生态制剂（如促菌生、调痢生等），一可预防缺乏症，二可增强抗感染功能，是药物预防疾病的新途径，已得到大家的公认和广泛应用。

6. 检疫与疫病的监测　检疫与疫病检测的主要任务是对猪群健康状况定期检查；对猪群中常见疫病及日常生产状况资料收集分析；监测各类疫情和防疫措施的效果；对猪群健

康水平的综合评估；对疫病发生危险的预测预报等。

(1)引种检疫　原则上提倡自繁自养，尽量不要从外地引进猪种，如果必要引种时，要进行严格的检疫，特别是对口蹄疫、传染性水疱病、猪瘟、伪狂犬病、支原体肺炎、猪痢疾、布氏杆菌病、传染性萎缩性鼻炎等疾病要进行检疫。在确认无传染病的情况下才能购进。在购进后最好进行15天以上隔离饲养观察，确认无异常后才能合群饲养。

(2)日常检查　兽医人员应每日深入猪舍，巡视猪群，对猪群进行系统的检查，观察各个猪群的状况，大群检查时应注意从猪的外表、动态、休息、采食、饮水、排粪、排尿等各行为进行观察，必要时还应抽查猪的呼吸、心跳、体温三大指标。对种猪群还应检查公猪配种、母猪的发情、妊娠、分娩及新生仔猪的状况。

(3)尸体剖检　尸检是疫病诊断的重要方法之一。在猪场应对所有非正常死亡的猪逐一进行剖检，通过剖检判明病性，以采取有针对性的防制措施，临床尸检不能说明问题时，还应采集病料做进一步检验。

(4)疫病监测　对规模化猪场的主要传染病要做定期的检测，如猪瘟、口蹄疫、细小病毒病、乙型脑炎、伪狂犬病、传染性萎缩性鼻炎、气喘病、衣原体病、传染性胸膜肺炎以及弓形虫病等。通过抗体水平的检测，以评价免疫注射的质量、免疫程序制定的合理性、疫病防制效果及发现猪群中隐性感染猪等。

(5)疫病统计资料的收集与分析　通过对猪群的生产状况如繁殖性状、生长肥育性能；疫病流行状况如疫病种类、发病率、死亡率；防疫措施的应用及其效果等多种资料的收集与分析，以发现疫病变化的趋势和影响疫病发生、流行、分布的因素，从而制定和改进防疫措施，并进行疫病预测预报。

7. 疫病治疗和疫情扑灭 兽医技术人员对猪群发现的病例均应进行诊断治疗和处理。对怀疑或已确诊的常见多发性疾病病猪，应及时组织力量进行治疗和控制，防止其扩散。当发现有新的传染病或猪瘟、口蹄疫等急性、烈性传染病发生时，应立即对该猪群进行封锁，病猪可根据具体情况或将其转移至病猪隔离舍进行诊断和治疗，或将其扑杀焚烧和深埋；对全场或局部栏舍实施强化消毒；对假定健康猪进行紧急免疫接种；生产区内禁止猪群调动，禁止购入或出售猪只，当最后1头病猪痊愈、淘汰或死亡后，经过一定时间无该病新病例出现时，在进行大消毒后方可解除封锁。

（三）寄生虫病防控措施

1. 体内寄生虫防控措施 寄生虫病的防控是一项极其复杂的工作，必须贯彻“预防为主，防重于治”的防治方针，采取综合防治措施才能达到预期效果。

（1）驱虫 驱虫是将畜禽体内和体表寄生虫杀灭或驱出体外的一项重要措施，能够很有效地预防寄生虫的暴发和流行。

①驱虫时间及程序 根据寄生虫病的流行特点、寄生虫的生活史来确定驱虫时间。一般采用成熟前驱虫，对某些吸虫、绦虫、线虫和棘头虫是最佳的驱虫时间。其优点是能将虫体消灭于产卵或形成幼虫之前，减少对外界环境的污染。驱虫程序：后备母猪在配种前1～2周驱虫1次；妊娠母猪分娩前1～2周驱虫1次；哺乳母猪在仔猪断奶前1周驱虫1次。在封闭式猪舍中饲养的种公猪，每年至少要驱虫2次。如果种公猪经常暴露在被寄生虫污染的环境，应每隔3个月或更短的时间对所有种公猪驱虫1次。仔猪应在断奶转群前驱虫

1 次,以后每隔 4 周驱虫 1 次。新进猪间隔 2 周驱虫 2 次,隔离饲养 30 天再合群饲养。

②驱虫场所的选择　为防止粪便中的虫卵、幼虫及成虫裂解散播的虫卵污染环境,应在有隔离条件的场所进行,驱虫场所应便于粪便的清除和清扫。

③药量控制　驱虫药一般都有较强的毒性。因此,无论是预防性驱虫或是治疗性驱虫都要掌握好用药量和浓度。大批用药之前必须先进行小批试验,以免发生大批中毒。同时,要根据猪群的年龄、体质强弱进行分群用药。

④药后护理　用药后要注意观察,如发现中毒立即解救。对用药治疗后的患猪要加强护理,防止继发感染。

(2)粪便处理　驱虫后猪只排出的粪便中含有成虫、幼虫或虫卵,特别是虫卵和幼虫,具有较厚的卵壳,一般化学药物很难将其杀死,但对高温敏感,所以驱虫后应将粪便打扫干净,堆积发酵,既能杀死虫卵和幼虫,又可保证环境卫生。

(3)消灭中间宿主　在有条件的情况下,尽可能地消灭中间宿主,切断寄生虫发育途径。

(4)消灭节肢动物等传播媒介　节肢动物起着携带和传播病原的作用,消灭节肢动物可减少寄生虫病的发生。

(5)加强饲养管理　做到饲料卫生全价,保持健康体质,增强猪只抵抗寄生虫病的能力。

(6)加强寄生虫的监测　寄生虫的感染状况可以通过定期粪便检查和剖检进行监测。每年至少用漂浮粪便法检查粪便 1 次,以确定是否存在寄生虫,如检出寄生虫,则表明猪场存在寄生虫感染的潜在危险,说明现有驱虫方案尚需调整。剖检也是监测蠕虫的重要依据。可对死亡猪进行剖检,并观察肝脏有无由圆线虫引起的乳白色斑点,盲肠内有无鞭虫,大肠上有无由结节虫幼虫引起的结节等。

2. 体表寄生虫防控措施 体表寄生虫主要有猪虱、猪疥螨、猪蠕形螨等，寄生于猪体表、皮内或毛囊、皮脂腺中，严重影响猪只的发育。防控体表寄生虫要做到搞好环境卫生，保持猪舍和运动场干燥，通风良好，光照充足；加强饲养管理，提高机体抗病力；饲养密度不宜过大；对引进猪要认真检查，并做适当处理，防止体表寄生虫传入；经常检查猪只，发现体表寄生虫，尽快隔离和治疗，防止接触传播；定期用杀螨药或杀虫剂对猪舍、运动场地面、墙壁、饲槽和水槽及用具喷洒，才能收到良好的防治效果。药物可选用伊维菌素皮下注射能很好地预防上述几种体表寄生虫病。

（四）普通病防控措施

1. 加强饲养管理 加强饲养管理，对增强猪的抗病力，防止猪病发生及加快患病猪康复都具有十分重要的作用。饲养管理应从以下几个方面做起：①猪分栏饲养，商品代猪也应当根据大小、强弱分群分圈饲养；②进入新的环境，最初几天要对猪进行调教，使猪养成吃料、睡觉、排便三定点的习惯；③在喂料方面要做到定时、定质、定量三原则，一般日喂 3 次为好，仔猪则应少喂多餐以日喂 6 次为宜，种公猪及空怀种母猪应适当控制喂料量；④变化饲料种类时，要逐步改变，最好有 3～5 天的过渡期；⑤种猪和仔猪要有一定的运动，最好能晒太阳；⑥搞好猪舍内外的卫生，定期消毒。

2. 饲料营养要全价卫生 饲料是保证猪健康生长、发育、繁殖和生产的物质基础，要根据不同品种、年龄饲喂全价饲料，特别是蛋白质、维生素、微量元素等应满足生长、发育、繁殖和生产的需要，否则就可能发生营养代谢病。另外，要保证饲料的清洁卫生，受微生物污染和霉变的饲料严禁饲喂，以防疾病发生。

3. 饮水要卫生 水是猪生长发育必不可少的物质，一要保证猪能自由饮水，满足机体需要；二要供给清洁卫生饮水。有条件的猪场应做水质化验，水质要符合卫生标准，不能含有毒有害物质或遭受污染。

4. 改善猪场的内外环境

(1)场区绿化 猪场周围、场内的道路两侧、猪舍之间和场区空闲地进行植树种草绿化环境，对改善小气候有重要的作用。不仅能防寒降暑，而且净化空气，减少疾病发生。

(2)控制猪舍内的小环境 猪的生物学特性是：小猪怕冷、大猪怕热、大小猪都不耐潮湿，还需要洁净的空气和一定的光照。因此，猪舍内的小气候调节必须进行综合考虑，以创造一个有利于猪群生长发育的环境，防治疾病发生。

①温度控制 温度在环境诸因素中起主导作用。猪对环境温度的高低非常敏感，低温对新生仔猪的危害最大，它是仔猪腹泻性疾病的主要诱因，还能引起呼吸道疾病的发生。在寒冷季节，成年猪舍温要求不低于10℃；保育猪舍应保持在18℃为宜；2～3周龄的仔猪需26℃左右；而1周龄以内的仔猪则需30℃的环境。春、秋季昼夜的温差较大，可达10℃以上，体弱猪是不能适应的，易诱发各种疾病。因此，在这期间要求适时关、启门窗，缩小昼夜的温差。成年猪则不耐热。若超过30℃，猪的采食量明显下降，饲料报酬降低，长势缓慢。当气温高于35℃以上，又不采取任何防暑降温措施，有的肥猪可能发生中暑，妊娠母猪可能引起流产，公猪的性欲下降，精液品质不良，并在2～3个月内都难以恢复。热应激可继发多种疾病。在寒冷季节对哺乳仔猪舍和保育猪舍应添加增

温、保温设施。在炎热的夏季，对成年猪要做好防暑降温工作。如加大通风，给以淋浴，加快热的散失。应减少猪舍中猪的饲养密度，以降低舍内热量的产生。

②湿度控制　湿度对猪的生长发育有重要影响，猪舍内的湿度过高影响猪的新陈代谢，是引起仔猪黄、白痢的主要原因之一，还可诱发肌肉、关节方面的疾病。为了防止湿度过高，首先要减少猪舍内水气的来源，少用或不用大量水冲刷猪圈，保持地面平整，避免积水。设置通风设备，经常开启门窗，以降低舍内的湿度。

③通风换气　是防制猪呼吸道病的重要措施。规模化猪场由于猪只的密度较大，猪舍的容积相对较小而密闭，猪舍内蓄积了大量二氧化碳、氨、硫化氢和尘埃。猪若长时间生活在这种环境中，首先刺激上呼吸道黏膜，引起炎症，使猪易感染或激发呼吸道疾病，如猪气喘、传染性胸膜肺炎、猪肺疫等。污浊的空气还可引起猪的应激综合征。消除或减少猪舍内的有害气体，除了注意通风换气外，还要搞好猪舍内的卫生管理，及时清除粪便、污水，不让其在猪舍内腐败分解。

④光照控制　光照对猪有促进新陈代谢、加速骨骼生长；以及活化和增强免疫功能的作用。肥育猪对光照没有过多的要求，但光照对繁育母猪和仔猪有重要的作用。要求母猪、仔猪和后备种猪每天保持 14～18 小时的 50～100 勒的光照时间。自然光照优于人工光照，因而在猪舍建筑上要根据不同类型猪的要求，给予不同的光照面积。

⑤饲养密度　猪的饲养密度过大，一方面影响猪舍空气质量，另一方面对猪的采食、饮水、睡眠及群居等行为有不良影响，从而间接影响猪的健康和生产力。因此，猪群饲养密度要适宜。

5. 及时治疗 发现病猪，针对病因及症状，采用相应措施，及早救治。

（五）猪主要疾病的防治

1. 猪瘟 俗称"烂肠瘟"。是由猪瘟病毒引起的一种急性、热性、高度传染性疾病。

本病至今无有效治疗方法，发病后主要控制继发感染。贵重猪可在病初用抗猪瘟血清抢救，剂量为1毫升/千克体重，肌内、皮下、静脉注射均可；对假定健康猪紧急接种猪瘟兔化弱毒苗。平时应加强饲养管理，坚持定期消毒，提倡自繁自养，必须引种时要经严格检疫，要定期做猪瘟免疫抗体检测，制定有效的免疫程序。根据本场实际按照一定的免疫程序进行免疫接种。

2. 口蹄疫 是口蹄疫病毒感染偶蹄动物引起的急性、热性、接触性传染病，以口腔黏膜、鼻吻部、蹄部、乳房皮肤出现水疱和溃烂为特征。

根据国家规定，对口蹄疫病猪一律急宰处理，不得治疗，以防扩大传染。对未发病的40日龄以上的生长猪和种猪进行紧急预防接种；注射维生素E、亚硒酸钠注射液，注射量为：小猪1毫升，中猪2毫升，大猪3毫升，种猪5～8毫升，能提高猪的免疫能力；饲料中添加复合维生素，可提高猪的抗病力；对哺乳仔猪还可腹腔注射维生素C，提高抗应激能力，同时还要注射治疗心肌炎的药物，防止心脏衰竭而死亡。一旦发生疫情，立即组织封锁、隔离、消毒、扑杀，并上报有关部门。对猪舍、运动场、用具、垫料等用2%火碱液彻底消毒，在口蹄疫流行期间，每2～3天消毒1次，直到没有新病例出现2周后，经彻底消毒解除封锁。

常发病的地区要制定合理的免疫程序，可采用口蹄疫O型灭活苗，效果很好。

3. 伪狂犬病 又叫狂痒病、阿捷申氏病。是由伪狂犬病毒引起的猪和其他动物共患的一种急性传染病。主要特征为发热、奇痒（除猪外），脑脊髓炎等致死性感染。

目前无特效的治疗方法，免疫预防是控制本病惟一有效的办法。目前我国主要是应用灭活疫苗和基因缺失疫苗。在刚刚发生流行的猪场，用高滴度的基因缺失疫苗鼻内接种，可以达到很快控制病情的作用。根据猪场实际可采用以下免疫程序：用灭活疫苗接种种猪（包括公猪），第一次注射后，间隔4～6周后加强免疫1次，以后每次产前1个月左右加强免疫1次，可获得非常好的免疫效果，可保护哺乳仔猪到断奶。种用的仔猪在断奶时注射1次，间隔4～6周后，加强免疫1次，以后按种猪免疫程序进行。肥育猪断奶时注射1次，直到出栏。预防措施：病猪隔离，加强消毒。暴发本病的猪舍的地面、墙壁、设施及用具等隔日消毒1次，用3%来苏儿液喷雾，粪尿堆放发酵处理，分娩栏和病猪死后的圈舍用2%火碱液消毒，哺乳母猪乳头用0.2%高锰酸钾水洗后，才允许吃初乳。病死猪要深埋，全场范围内要进行灭鼠和扑灭野生动物，禁止散养家禽和防止猫、犬进入生产区。

4. 流行性腹泻 是由猪流行性腹泻病毒引起的仔猪和肥育猪的一种急性接触性肠道传染病。其特征为呕吐、严重腹泻和脱水。

本病无特效治疗药，通常对症治疗。发病后要及时补水和补盐，给大量的口服补液盐，防止脱水，用抗生素防止继发感染可减少死亡率。可试用康复母猪抗凝血或高免血清每日口服10毫升，连用3天，对新生仔猪有一定治疗和预防作用。

预防可用猪流行性腹泻氢氧化铝灭活疫苗，后海穴注射。

5. 猪传染性胃肠炎 是由猪传染性胃肠炎病毒引起的一种高度接触性肠道传染病。主要引起2周龄以下仔猪发病，以呕吐、严重腹泻、脱水和高死亡率为主要特征。

本病没有特效药物治疗，发病后给予大量的口服补液盐，防止脱水，用抗生素和抗菌药物(如庆大霉素、黄连素、氟哌酸、恩诺沙星、环丙沙星、新诺明、制菌磺等)可防止继发感染，缩短病程，降低死亡率。对病重猪可注射硫酸阿托品以控制腹泻；脱水严重的病猪可腹腔注射5%葡萄糖注射液或复方生理盐水。猪场发生猪传染性胃肠炎时应立即隔离病猪，用2%～3%火碱液对猪舍、运动场、用具、车辆等进行全面消毒。对妊娠母猪产前45天及15天左右，用猪传染性胃肠炎弱毒疫苗，经肌肉与鼻内各接种1毫升，通过初乳可使仔猪获得被动免疫。在仔猪出生后，用无病原性的弱毒疫苗口服1毫升可使其产生主动免疫。

6. 猪轮状病毒病 是由轮状病毒感染引起仔猪消化道功能紊乱的一种急性肠道传染病，临床上以呕吐、腹泻、脱水和酸碱平衡紊乱为特征。

在本病流行地区，可用猪轮状病毒油佐剂灭活苗或猪轮状病毒弱毒双价苗对母猪或仔猪应急性预防注射。油佐剂疫苗于妊娠母猪临产前30天，肌内注射2毫升；仔猪于7日龄和21日龄各注射1次，注射部位在后海穴皮下，每次每头注射0.5毫升。本病没有特效药物，一般采用保守疗法，即用抗菌药物来减少继发感染，投用收敛止泻药如鞣酸蛋白、次碳酸铋等，重点是补液，静脉注射葡萄糖盐水(5%～10%)和碳酸氢钠注射液(3%～5%)以防治脱水和酸中毒，一般可收到良好效果，用葡萄糖甘氨酸溶液(葡萄糖22.5克，氯化钠4.75

克，甘氨酸 3.44 克，柠檬酸 0.27 克，枸橼酸钾 0.04 克，无水磷酸钾 2.27 克，溶于 1 升水中即成）或用口服补液盐、葡萄糖盐水给病猪自由饮用。同时，加强饲养管理，保持猪舍清洁卫生，猪舍及用具经常进行消毒。仔猪要注意防寒保暖，增强仔猪的抵抗力。在疫区要使新生仔猪及早吃足初乳。

7. 猪丹毒　是猪丹毒杆菌引起的一种急性热性传染病，其主要特征为高热、急性败血症、亚急性皮肤疹块、慢性疣状心内膜炎及皮肤坏死与多发性非化脓性关节炎。

青霉素是治疗本病的首选药物，土霉素和四环素也有效。急性型病例，每千克体重 1 万单位青霉素静脉注射，同时肌内注射常规剂量的青霉素，每日 2 次，待食欲、体温恢复正常后维持治疗 2～3 天。预防：加强饲养管理，定期消毒，提高猪群的自然抗病能力。在猪丹毒常发区和集约化猪场，每年春、秋或夏、冬两季定期进行预防注射。可选用猪丹毒弱毒菌苗，皮下注射 1 毫升/头；猪丹毒氢氧化铝甲醛苗，10 千克以上的仔猪皮下或肌内注射 5 毫升；猪丹毒 CG42 系弱毒菌苗，皮下注射每份含 7 亿个活菌；口服应含 14 亿个活菌。

8. 猪肺疫　又称猪巴氏杆菌病，俗称"锁喉疯"。是由多杀性巴氏杆菌引起的一种急性传染病。本病特征是最急性型呈败血症变化，咽喉部急性肿胀，高度呼吸困难；急性型呈纤维素性胸膜肺炎；慢性型症状不明显，逐渐消瘦，伴发关节炎。

（1）预防　预防免疫每年春、秋两季定期用猪肺疫氢氧化铝甲醛菌苗或猪肺疫口服弱毒菌苗进行 2 次免疫接种。接种疫苗前几天和后 7 天内，禁用抗菌药物；改善饲养管理，减少猪群饲养密度；药物预防：对常发病猪场，要在饲料中添加抗菌药进行预防。

（2）治疗　青霉素、链霉素和四环素族抗生素对猪肺疫都有一定疗效。抗生素与磺胺类药合用，如四环素＋磺胺二甲嘧啶，泰乐菌素＋磺胺二甲嘧啶则疗效更佳。

9. 猪链球菌病 是由多种链球菌感染引起不同临床症状的疾病。主要表现为败血症、化脓性淋巴结炎、脑膜炎、关节炎、繁殖障碍等特征性症状。

(1)预防原则 隔离病猪，清除传染源。带菌母猪尽可能的淘汰，污染的用具和场所用3％的来苏儿液或1∶300的菌毒灭液等彻底消毒。

(2)免疫接种 疫区在60日龄首次接种猪链球菌病氢氧化铝胶苗，以后每年春、秋季各免疫1次，无论猪只大小一律肌内或皮下注射5毫升，注射后21天产生免疫力，免疫期为6个月。

(3)药物预防 每吨饲料中加入四环素125克，连喂4～6周，可预防本病的发生。

(4)治疗 初发病猪每次每头用青霉素80万～160万单位，链霉素100万单位联合肌注。庆大霉素可按1～2毫克/千克体重肌注，每日2次。以上均需连续用药5天以上。对淋巴结脓肿，可将脓肿切开排脓，用3％双氧水或0.1％高锰酸钾液冲洗，涂以碘酊，不需缝合，几天可愈。

10. 猪附红细胞体病 是由猪附红细胞体寄生于红细胞或血浆中而引起猪的一种传染病。该病主要以高热、贫血、黄疸和全身发红为特征。

(1)预防 除加强一般性兽医卫生防疫措施，搞好圈舍环境卫生，消除各种应激因素外，尤其是要驱除蜱、虱、蚤等吸血昆虫，隔绝节肢动物与猪群的接触机会，还应注意注射针头和手术器械的消毒，对防制本病的发生都起着重要作用。目前尚无疫苗对本病进行预防。

(2)治疗　常用药物有四环素、土霉素和血虫净(贝尼尔)等。在发病初期可选用贝尼尔进行治疗，按5～7毫克/千克体重深部肌内注射，间隔48小时重复用药1次；土霉素20毫克/千克体重肌内注射，每日2次。重病猪同时配合维生素C 5毫升、50%葡萄糖注射液20毫升、生理盐水100毫升、10%安钠咖注射液3毫升，混合，1次静脉注射。

11. 弓形虫病　是由龚地弓形虫寄生于各种动物的细胞内，引起的一种人、兽共患寄生虫病。该病以患猪的高热、呼吸困难、神经系统症状、妊娠母猪的流产、死胎、胎儿畸形为特征。

(1)预防　禁止猫进入猪舍，防止猫的粪尿污染猪的饲料和饮水。做好猪舍的防鼠灭鼠工作。流产的胎儿、排泄物及污染的场地要严格消毒。发生本病的猪场，应全面检查，隔离病猪。对病猪舍、饲养场用3%火碱液，或20%石灰乳溶液进行全面消毒。

(2)治疗　磺胺类药对本病有较好的效果，若与增效剂联合应用效果更好，常选用下列治疗方案：磺胺嘧啶(SD)加三甲氧苄氨嘧啶(TMP)。前者每千克体重用70毫克，后者每千克体重用14毫克，每日口服2次，连用3～4天；磺胺-6-甲氧嘧啶(SMM)每千克体重60～100毫克，单独口服或配合三甲氧苄氨嘧啶每千克体重14毫克口服，每日1次，连用4次，首次用量加倍；用长效磺胺60毫克/千克体重制成10%注射液肌内注射，连用7天。病猪场和疫点也可采用磺胺-6-甲氧嘧啶或配合三甲氧苄氨嘧啶连用7天进行药物预防，可以防止弓形虫感染。

12. 猪繁殖呼吸障碍综合征　俗称“蓝耳病”，是近几年在我国迅速流行扩散的一种较新的猪传染病。该病以母猪妊娠晚期流产，死胎和弱胎明显增加，母猪再发情推迟等繁殖障碍以及仔猪出生率降低，断奶仔猪死亡率高，仔猪的呼吸道症状为特征。本病还有一个特点是病毒主要侵害巨噬细胞，损害机体免疫功能，使病猪极易继发各种疾病。

(1)预防　注意引种安全，不从疫区购猪；疫苗接种免疫预防是一个可以考虑的方法。已有灭活疫苗和弱毒疫苗供应。建议污染场母猪可在配种前接种弱毒苗，仔猪在3～4周龄接种疫苗。此外，要加强饲养管理，严格消毒制度，切实搞好环境卫生，每圈饲养猪只密度要合理。商品猪场要严格执行"全进全出"。

(2)治疗　本病无特效药物治疗，如发病只能用氟苯尼考、四环素、氨苄青霉素＋链霉素等药物防止继发感染，疗程4～6天，以减少死亡；也可配合中药治疗，配方为：党参40克，白芍40克，赤芍40克，茯苓40克，车前草40克，矮茶40克，木槿皮40克，山楂30克，硼砂30克，马鞭草30克，青蒿25克，杏仁20克，甘草20克，水煎服，1日1剂，分2次服，连服3剂。

13. 猪喘气病　又称猪地方流行性肺炎、猪霉形体性肺炎。是由猪肺炎霉形体感染引起的高度接触性、慢性呼吸道传染性疾病。主要症状为咳嗽，气喘，不能正常生长为特征。

(1)预防　控制环境温度、空气质量，降低饲养密度，定期进行环境消毒，大单元饲养采用全进全出制度；采用猪喘气病弱毒冻干苗进行免疫，每头胸腔注射5毫升，保护率能达到80％以上。

(2)治疗　可选用泰妙菌素(支原净)、泰乐菌素、利高霉素，并与硫酸黏杆菌素、强力霉素、金霉素、土霉素联合使用。目前使用较好的药物配伍是：泰妙菌素100毫克/千克＋金霉素300毫克/千克，或泰妙菌素100毫克/千克＋强力霉素

100 毫克/千克进行拌料饲喂。

14. 胃肠炎 是胃肠黏膜表层及黏膜下层深层组织的重剧性炎症过程，胃炎和肠炎往往相伴发生，合称为胃肠炎。临床上以体温升高、剧烈腹泻及全身症状重剧为特征。

(1)防治 加强饲养管理，防止喂给腐败、冰冻、有毒等有刺激性的饲料；饮水要清洁，供应充足；定时、定量、定温喂猪；定期驱除肠道寄生虫；冬季做好保暖工作；搞好环境卫生，积极治疗其他传染病和寄生虫病。

(2)治疗 首先遵循的治疗原则是抑菌消炎、缓泻止泻、强心、补液、解毒。

①抑菌消炎 单纯性胃肠炎，磺胺脒 5～10 克，小苏打3～5 克，大猪分 3 次内服；胃肠炎严重时，氨苄青霉素 1.5～2 克，加到 5%葡萄糖注射液 500 毫升中，静脉注射，每日 1～2 次。同时，用 0.1%高锰酸钾溶液 300～500 毫升灌肠，效果较好。

②缓泻止泻 当病猪排粪迟滞尚未脱水时，胃肠内有大量内容物，初期可用硫酸镁、人工盐、鱼石脂适量混和内服；后期常用液体石蜡或植物油内服以排出宿粪。如果肠内宿粪已基本排尽，可用鞣酸蛋白 5～10 克或次硝酸铋 5 克，内服止泻。

③强心、补液、解毒 5%葡萄糖 300～500 毫升；生理盐水、低分子右旋糖酐、5%碳酸氢钠按 2∶1∶1 比例进行混合性输液。胃肠炎症状缓解后，幼猪可用胃蛋白酶、乳酶生各 10 克，安钠咖粉 2 克，混合分 3 次内服；大猪则用健胃散 20 克，人工盐 20 克，1 日 3 次内服，可增加疗效，防止复发。

15. 猪便秘 是由于肠管运动功能和分泌功能紊乱，粪便滞留，水分被吸收，粪便变干变硬，使某段或某几段肠管发生完全或不完全阻塞。其临床特征为食欲减退或废绝，口干，肠音低沉或消失，排粪减少或停止，并伴有不同程度的腹痛。

常见于断奶仔猪、妊娠后期或分娩不久的母猪。

(1)预防　给予营养全价、搭配合理的日粮；多喂青绿多汁饲料；充足饮水，适当运动；仔猪断奶初期、母猪妊娠后期和分娩初期应加强饲养管理，给予易消化的饲料。

(2)治疗　治疗原则是疏通导泻，镇痛减压，补液强心。

①疏通导泻　硫酸镁 30～50 克或液体石蜡 50～100 毫升或大黄末 50～100 克，加适量的水内服，同时用 2%的小苏打温水或肥皂水 1 000～2 000 毫升反复深部灌肠，并配合腹部按摩，以促进干粪排出。

②减压镇痛　病猪疼痛不安时可肌注 30%安乃近注射液 3～5 毫升或 2.5%盐酸氯丙嗪注射液 2～4 毫升。

③强心补液　当病猪心脏衰弱时，肌内注射强心剂 10%安钠咖注射液 2～10 毫升；病猪瘦弱时，可用 10%葡萄糖注射液 300～500 毫升静脉注射。

16. 肺炎　是由于物理、化学和生物因素刺激肺组织而引起的肺部炎症。根据病因、病变的性质和范围可分为小叶性肺炎、大叶性肺炎和异物性肺炎。

(1)预防　加强饲养管理，防止受寒感冒，经常通风换气，改善舍内环境条件，营养全价，适当运动增强体质。投药时，规范操作，防止误投入肺。

(2)治疗　治疗原则是抗菌消炎、祛痰止咳、强心。

①抗菌消炎　青霉素 80 万～160 万单位和链霉素 100 万单位或氨苄青霉素 0.5～1 克，肌内注射，每日 2 次，连用 2～3 天；或用 20%磺胺嘧啶钠注射液 10～20 毫升，肌内注射，每日 2 次，连用 2～3 天。此外，卡那霉素、庆大霉素、土霉素、泰乐菌素也有较好疗效。

②祛痰止咳　频发咳嗽，分泌物不多时，用复方樟脑酊

5～10 毫升，每日 2～3 次，内服镇咳；如分泌物较多，可用氯化铵和碳酸氢钠各 1～2 克，每日 2 次，内服祛痰。

③强心　10％安钠咖注射液 2～5 毫升或 10％樟脑磺酸钠注射液 5～10 毫升上、下午交替肌内注射。症状严重的患猪，同时配合 25％葡萄糖注射液 300～500 毫升、25％维生素 C 注射液 2～5 毫升静脉注射。体温较高者，肌注 30％安乃近注射液 5 毫升，或安痛定注射液 5～10 毫升。

17. 乳房炎　是猪的常发病，多发于产后 5～30 天，以一二个乳区或全部乳区红肿疼痛，不让仔猪吃奶为特征。

(1)预防　母猪圈舍地面应保持干净卫生，分娩后注意乳房及乳头的清洁。产床、地板漏缝应宽窄适合，无毛刺，防止挂伤乳头。在仔猪出生时用剪牙钳把犬牙从牙根剪掉。

(2)治疗　乳房肿胀并有热感时，尽可能地按摩排出乳汁，再涂抹加碘酊的樟脑酒精(10％樟脑酒精 9 份，5％碘酊 1 份)、或用 30％鱼石脂软膏按 10％加樟脑粉混合后涂抹肿胀部位，每日 1 次。体温升高，食欲减退时，用青霉素 160 万～240 万单位、链霉素 100 万单位肌注，每日 2 次。也可用青霉素 160 万单位，用 20 毫升蒸馏水稀释，加 2％普鲁卡因注射液 20 毫升，混合后在肿胀发炎的乳房基部分点注射，隔日 1 次。重症母猪应将其仔猪寄养，并将母猪淘汰。

18. 新生仔猪低血糖症　是由于多种原因引起仔猪血糖浓度降低的一种营养代谢病。其特征是血糖浓度显著降低，临床上以反应迟钝、惊厥、昏迷等神经症状为主要特征。主要发生于 1 周龄内的新生仔猪。

(1)预防　加强母猪的饲养管理，供给全价的饲料，保证产后充足乳汁供应，是预防本病的关键。对初生仔猪要加强护理，尽早让仔猪吃足初乳，注意保温，避免机体受寒，并应定时哺乳,防止仔猪饥饿。如果产仔过多,可把部分小仔猪寄养给其他母猪。

(2)治疗　最主要的措施是及时补糖,临床多应用5%～10%葡萄糖注射液15～20毫升,腹腔注射或皮下分点注射,每4～6小时1次,直至症状缓解并能自行吮乳时为止。同时,注意仔猪保温,减少应激,对母乳不足的仔猪,给予人工哺乳。

19. 仔猪缺铁性贫血　是指半月龄至1月龄哺乳仔猪由于机体缺铁引起的造血系统功能紊乱所致的营养性贫血。

(1)预防　妊娠母猪日粮要全价,适当增加青绿多汁饲料;仔猪3日龄内肌注右旋糖酐铁注射液3毫升,有较好的预防效果。用100克硫酸亚铁及20克硫酸铜磨碎混入5千克细沙中,撒入猪舍内,可预防该病。

(2)治疗　用葡聚糖铁注射液2毫升,深部肌内注射,一般1次即可,必要时1周后再半量注射1次。

20. 僵猪　是由于先天发育不足或后天营养不良所致的一种疾病。临床上以饮食正常,生长缓慢或停滞为特征。

为预防僵猪产生,首先要防止近亲交配。母猪妊娠期和哺乳期保证日粮营养全价。加强仔猪护理工作,固定奶头训练,弱猪吃乳汁多的奶头。断奶仔猪日粮要全价,定时饲喂。做好传染病、寄生虫病的预防工作,发现疾病及时治疗。

(六)无公害生猪生产用药标准

1. 生猪生产用药原则　科学、高效、安全地使用兽药,不但能及时预防和治疗动物疾病,提高农户养殖效益,而且对控制和减少药物残留、提高动物产品品质具有重要的意义。

(1)严格掌握适应症,正确选药　对疾病做出正确诊断是选择药物的前提,有了确切的诊断,可了解其致病菌,从而选择对病原高度敏感的药物。微生物感染性疾病应依据药敏试验结果选择药物，是选择抗菌药物的最佳方法。避免在无确诊指征或指征不强的情况下用药。

(2)用药时要有足够的剂量和疗程　用药剂量太小或疗程过短，达不到治病的目的，且容易产生耐药性；相反，用药剂量过大，不仅造成药物浪费，而且可能会引起毒副作用。因此，严格掌握适应症，不滥用药物，保证用药剂量和用药持续时间。

(3)抓住最佳用药时机　一般来说，用药越早效果越好，特别是微生物感染性疾病，及早用药能迅速控制病情。但细菌性痢疾却不宜及早止泻，因为这样会使病菌无法及时排除，使其在体内大量繁殖，反而会引起更为严重的腹泻。对症治疗的药物不宜早用，因为这些药物虽然可以缓解症状，但在客观上会损害机体的保护性反应，还会掩盖疾病真相。

(4)用药时充分考虑药物的特性　内服能吸收的药物，可以用于全身感染，内服不能吸收的药物，如痢特灵、磺胺脒等，只能用于胃肠道感染。治疗脑部感染时应首选磺胺嘧啶钠。另外，目前市场上的大部分兽药，名称不一，宣传的药效不一，但其有效成分可能是一样的，所以临床用药要尽可能了解有效成分。

(5)选择合适的用药途径　如苦味健胃药龙胆酊、马钱子酊等，只有通过口服的途径，才能刺激味蕾，加强唾液和胃液的分泌，如果使用胃管投药，药物不经口腔直接进入胃内，就起不到健胃的作用。

(6)注意药物有效浓度持续时间　如青霉素粉针剂一般应每隔 4～6 小时重复用药 1 次，油剂普鲁卡因青霉素则可以间隔 24 小时用药 1 次。

(7)注意药物配伍禁忌　酸性药物与碱性药物不能混合

使用；口服活菌制剂时应禁用抗菌药物和吸附剂；磺胺类药物与维生素C合用，会产生沉淀；磺胺嘧啶钠注射液与大多数抗生素配合都会产生浑浊、沉淀或变色现象，应单独使用。

(8)安全用药，防止毒害　链霉素与庆大霉素、卡那霉素配合使用，会加重对听觉神经中枢的损害。

(9)防止兽药残留　有些抗菌药物因为代谢较慢，用药后可能会造成药物残留。因此，这些药物应有休药期规定，用药时必须充分考虑生猪及其产品的上市日期，防止"药残"超标造成安全隐患。

(10)轮换用药，防止产生耐药性　不要长期用同一种抗菌药物或抗寄生虫药物治疗，应隔一定时期，更换另一类药物治疗，以防耐药性产生。

2. 无公害生猪生产允许使用的药物及使用规定　见表6-1。

表6-1　无公害生猪生产允许使用的抗寄生虫药和抗菌药及使用规定

类别	名　称	制　剂	用法与用量	休药期（天）
抗寄生虫药	阿苯达唑 albendazole	片剂	内服，一次量，5～10毫克	0
	双甲脒 amitraz	溶液	药浴、喷洒、涂擦，配成0.025%～0.05%的溶液	7
	硫双二氯酚 bithionole	片剂	内服，一次量，75～100毫克/千克体重	0
	非班太尔 febantel	片剂	内服，一次量，5毫克/千克体重	14
	芬苯哒唑 fenbendazole	粉、片剂	内服，一次量，5～7.5毫克/千克体重	0

续表 6-1

类别	名称	制剂	用法与用量	休药期（天）
抗寄生虫药	氰戊菊酯 fenvalerate	溶液	喷雾，加水以 1∶1000～1∶2000 倍稀释	0
	氟苯咪唑 flubendazole	预混剂	混饲，每 1000 千克饲料，30 克，连用 5～10 天	14
	伊维菌素 ivermectin	注射液	皮下注射，一次量，0.3 毫克/千克体重	18
		预混剂	混饲，每 1000 千克饲料，330 克，连用 7 天	5
	盐酸左旋咪唑 levamisole hydrochloride	片剂	内服，一次量，7.5 毫克/千克体重	3
		注射液	皮下、肌内注射，一次量，7.5 毫克/千克体重	28
	奥芬哒唑 oxfendazole	片剂	内服，一次量，4 毫克/千克体重	0
	丙氧苯咪唑 oxibendazole	片剂	内服，一次量，10 毫克/千克体重	14
	枸橼酸哌嗪 piperazine citrate	片剂	内服，一次量，0.25～0.3 毫克/千克体重	21
	磷酸哌嗪 piperazine phosphate	片剂	内服，一次量，0.2～0.25 毫克/千克体重	21
	吡喹酮 praziquantel	片剂	内服，一次量，10～35 毫克/千克体重	0
	盐酸噻咪唑 tetramisole hydrochloride	片剂	内服，一次量，10～15 毫克/千克体重	3

续表 6-1

类别	名　称	制　剂	用法与用量	休药期（天）
抗菌药	氨苄西林钠 ampicillin sodium	注射用粉针	肌内、静脉注射，一次量，10～20 毫克/千克体重，每日 2～3 次，连用 2～3 天	[illegible]
		注射液	皮下或肌内注射，一次量，5～7 毫克/千克体重	15
	硫酸安普（阿普拉）霉素 apramycin sulfate	预混剂	混饲，每 1000 千克饲料，80～100 克，连用 7 天	21
		可溶性粉	混饮，每 1 升水，12.5 毫克/千克体重，连用 7 天	21
	阿美拉霉素 avilamycin	预混剂	混饲，每 1000 千克，饲料：0～4 月龄，20～40 克；4～6 月龄，10～20 克	0
	杆菌肽锌 bacitracin zinc	预混剂	混饲，每 1000 千克，4 月龄以下，4～40 克	0
	杆菌肽锌、硫酸粘杆菌素 bacitrcin zinc and colis-tin sul-fate	预混剂	混饲，每 1000 千克，4 月龄以下，2～20 克；2 月龄以下，2～40 克	7
	苄星青霉素 benza-thine benzyl penicillin	注射用粉针	肌内注射，一次量，每 1 千克体重，3 万～4 万单位	0
	青霉素钠（钾） benzylpenicillin sodium (potassi-um)	注射用	肌内注射，一次量，每 1 千克体重，2 万～3 万单位	
	硫酸小檗碱 berberine sulfate	注射液	肌内注射，一次量，50～100 毫克	

续表 6-1

类别	名　称	制　剂	用法与用量	休药期（天）
抗菌药	头孢噻呋钠 ceftiofur sodium	注射用粉针	肌内注射，一次量，3～5 毫克/千克体重，每日 1 次，连用 3 日	0
	硫酸黏杆菌素 colistin sulfate	预混剂	混饲，每 1000 千克饲料，仔猪 2～20 克	7
		可溶性粉剂	混饮，每 1 升水 40～200 毫克	7
	甲磺酸达氟沙星 danofloxacin mesylate	注射液	肌内注射，一次量，1.25～2.5 毫克/千克体重，每日 1 次，连用 3 天	25
	越霉素 A destomycine A	预混剂	混饲，每 1000 千克饲料，5～10 克	15
	盐酸二氟沙星 diflxacin hydrochloride	注射液	肌内注射，一次量，5 毫克/千克体重，每日 2 次，连用 3 天	45
	盐酸多西环素 doxycycline hyclate	片剂	内服，一次量，3～5 毫克，每日 1 次，连用 3～5 天	0
	恩诺沙星 enrofloxacin	注射液	肌内注射，一次量，2.5 毫克/千克体重，每日 1～2 次，连用2～3 天	10
	恩拉霉素 enramycin	预混剂	混饲，每 1000 千克饲料，2.5～20 克	7
	乳糖酸红霉素 erythromiycin Lactobionate	注射用粉针	静脉注射，一次量，每千克体重 3～5 毫克，每日 2 次，连用 2～3 天	0
	黄霉素 flavomycin	预混剂	混饲，每 1000 千克饲料：生长肥育猪 5 克，仔猪 10～20 克	0

续表 6-1

类别	名称	制剂	用法与用量	休药期（天）
抗菌药	氟苯尼考 florfenicol	注射液	肌内注射，一次量，20毫克/千克体重，每隔48小时1次，连用2次	30
		粉剂	内服，20～30毫克/千克体重，每日2次，连用3～5天	30
	氟甲喹 flumequine Soluble	可溶性粉剂	内服，一次量，5～10毫克/千克体重，首次量加倍，每日2次，连用3～4天	0
	硫酸庆大霉素 gentamycin-micronomicin sul-fate	注射液	肌内注射，一次量，2～4毫克/千克体重	40
	硫酸庆大-小诺霉素 gentamycin-micronomicin sulfate	注射液	肌内注射，一次量，1～2毫克/千克体重，每日2次	0
	潮霉素B hrgromycin B	预混剂	混饲，每1000千克饲料，10～13克，连用8周	15
	硫酸卡那霉素 kanamycin sulfate	注射用粉针	肌内注射，一次量，10～15毫克，每日2次，连用2～3天	0
	北里霉素 kitasamycine	片剂	内服，一次量，20～30毫克/千克体重，每日1～2次	0
		预混剂	混饲，每1000千克饲料，防治，80～330克；促生长，5～55克	7
	酒石酸北里霉素 kitasamycine tartrate	可溶性粉剂	混饮，每1升水，100～200毫克，连用1～5天	7

续表 6-1

类别	名 称	制 剂	用法与用量	休药期（天）
抗菌药	盐酸林可霉素 lincomycin hydrochloride	片剂	内服，一次量，10～15 毫克/千克体重，每日 1～2 次，连用 3～5 天	1
		注射液	肌内注射，一次量，10 毫克/千克体重，每日 2 次，连用 3～5 天	2
		预混剂	混饲，每 1000 千克饲料，44～77 克，连用 7～21 天	5
	盐酸林可霉素、硫酸壮观霉素 lincomycin hydrochloride and Spectinomycin	可溶性粉剂	混饮，每 1 升水，10 毫克/千克体重	5
		预混剂	混饲，每 1000 千克饲料，44 克，连用 7～21 天	5
	博落回 macleayae	注射液	肌内注射，一次量，体重 10 千克以下，10～25 毫克；体重 10～50 千克，25～50 毫克，每日 2～3 次	
	乙酰甲喹 mequindox	片剂	内服，一次量，5～10 毫克/千克体重	
	硫酸新霉素 neomycin sulfate premix	预混剂	混饲，每 1000 千克饲料，77～154 克，连用 3～5 天	3
	硫酸新菌素、甲溴东莨菪碱 neomycin sulfate and methlsopolamine bromide	溶液剂	内服，一次量，体重 7 千克以下，1 毫升（按泵 1 次）；体重 7～10 千克，2 毫升（按泵 2 次）	3
	呋喃妥因 nitrofurantoine	片剂	内服，每日量，12～15 毫克/千克体重，分 2～3 次	

续表 6-1

类别	名 称	制 剂	用法与用量	休药期（天）
抗菌药	喹乙醇 olaquindox	预混剂	混饲，每1000千克饲料，1000～2000克；体重超过35千克的禁用	35
	牛至油 oregano oil	溶液剂	内服，预防，2～3日龄，每头50毫克，8小时后重复给药1次，治疗；10千克以下每头50毫克；10千克以上，每头100毫克，用药后7～8小时腹泻仍未停止时，重复给药1次	
		预混剂	混饲，1000千克饲料，预防，1.25～1.75克；治疗，2.5～3.25克	
	苯唑西林钠 oxacillin sodium	注射用粉针	肌内注射，一次量，5～10毫克/千克体重，每日2次，连用2～3天	
	土霉素 oxytetracycline	片剂	口服，一次量，10～25毫克/千克体重，每日2～3次，连用3～5天	5
		注射液（长效）	肌内注射，一次量，10～20毫克/千克体重	28
	盐酸土霉素 oxytetracycline hydrochloride	注射用粉针	静脉注射，一次量，5～10毫克/千克体重，每日2次，连用2～3天	26
	普鲁卡因青霉素 procaine benzylpenicillin	注射用粉针	肌内注射，一次量，2万～3万单位，每日1次，连用2～3天	6
		注射液	同上	6
	盐霉素钠 salinomycin sodium	预混剂	混饲，每1000千克饲料，25～75克	5

续表 6-1

类别	名称	制剂	用法与用量	休药期（天）
抗菌药	盐酸沙拉沙星 sarafloxacin hydrochloride	注射液	肌内注射，一次量，2.5～5 毫克/千克体重，每日 2 次，连用3～5 天	
	赛地卡霉素 sedcamycin	预混剂	混饲，每 1000 千克饲料，75 克，连用 15 天	1
	硫酸链霉素 streptomycin sulfate	注射用粉针	肌内注射，一次量，10～15 毫克/千克体重，每日 2 次，连用2～3 天	
	磺胺二甲嘧啶钠 sulfasimidine sodium	注射液	静脉注射，一次量，50～100 毫克/千克体重，每日 1～2 次，连用 2～3 天	7
	复方磺胺甲噁唑片 compound sulfamethoxazole tablets	片剂	内服，一次量，首次量 20～25 毫克/千克体重（以磺胺甲噁唑计），每日 2 次，连用 3～5 天	
	磺胺对甲氧嘧啶 sulfamethoxydiazine	片剂	内服，一次量，50～100 毫克；维持，25～50 毫克，每日 1～2 次，连用 3～5 天	
	磺胺对甲氧嘧啶、二甲氧苄氨嘧啶片 sulfamethoxydiazine and diaveridin Tablets	片剂	内服，一次量，20～25 毫克/千克体重（以磺胺对甲氧嘧啶计），每 12 小时 1 次	
	复方磺胺对甲氧嘧啶片 compound sulfamethoxydiazine tablets	片剂	内服，一次量，20～25 毫克（以磺胺对甲氧嘧啶计），每日 1～2 次，连用 3～5 天	

续表 6-1

类别	名　称	制　剂	用法与用量	休药期（天）
抗菌药	复方磺胺对甲氧嘧啶钠注射液 compound sulfamethoxydiazine sodium injection	注射液	肌内注射，一次量，15～20毫克/千克体重（以磺胺对甲氧嘧啶钠计），每日1～2次，连用2～3天	
	磺胺间甲氧嘧啶 sulfamonomethoxine	片剂	内服，一次量，首次量，50～100毫克；维持量25～50毫克，每日1～2次，连用3～5天	
	磺胺间甲氧嘧啶钠 sulfamonomethoxine sodium	注射液	静脉注射，一次量，50毫克/千克体重，每日1～2次，连用2～3天	
	磺胺脒 sulfaguanidine	片剂	内服，一次量，0.1～0.2克/千克体重，每日2次，连用2～3天	
	磺胺嘧啶 sulfadiazine	片剂	内服，一次量，首次量0.14～0.2克/千克体重；维持量0.07～0.1克/千克体重，每日2次，连用3～5天	
		注射液	静脉注射，一次量，0.05～0.1克/千克体重，每日1～2次，连用2～3天	
	复方磺胺嘧啶钠注射液 compound sulfadiazine sodium injection	注射液	肌内注射，一次量，20～30毫克/千克体重（以磺胺嘧啶计），每日1～2次，连用2～3天	

续表 6-1

类别	名　称	制　剂	用法与用量	休药期（天）
抗菌药	复方磺胺嘧啶预混剂 compound sulfadiazine premix	预混剂	混饲，一次量，15～30 毫克/千克体重，连用 5 天	5
	磺胺噻唑 sulfathiazole	片剂	内服，一次量，首次量 0.14～0.2 克/千克体重；维持量 0.07～0.1 克/千克体重，每日 2～3 次，连用 3～5 天	
	磺胺噻唑钠 sulfathiazole sodium	注射液	静脉注射，一次量 0.05～0.1 克/千克体重，每日 2 次，连用2～3 天	
	复方磺胺氯哒嗪钠粉 compound sulfachlorpyridazine sodium powder	粉剂	内服，一次量，20 毫克/千克体重（以磺胺氯哒嗪钠计），连用 5～10 天	3
	盐酸四环素 tetracycline hydrochloride	注射用粉针	静脉注射，一次量 5～10 毫克/千克体重，每日 2 次，连用 2～3 天	
	甲砜霉素 thiamphenicol	片剂	内服，一次量，5～10 毫克/千克体重，每日 2 次，连用 2～3 天	
	延胡索酸泰妙菌素 tiamulin fumarate	可溶性粉剂	混饮，每 1 升水，45～60 毫克，连用 5 天	7
		预混剂	混饲，每 1000 千克饲料，40～100 千克，连用 5～10 天	5

续表 6-1

类别	名　称	制　剂	用法与用量	休药期（天）
抗菌药	磷酸替米考星 tilmicosin phosphate premix	预混剂	混饲，每 1000 千克饲料，400 克，连用 15 天	14
	泰乐菌素 tylosin	注射液	肌内注射，一次量，5～13 毫克/千克体重，每日 2 次，连用 7 天	14
	磷酸泰乐菌素 tylosin phosphate	预混剂	混饲，每 1000 千克饲料，10～100 克，连用 5～7 天	5
	磷酸泰乐菌素、磺胺二甲嘧啶预混剂 tylosin phosphate sulfamethazine premix	预混剂	混饲，每 1000 千克饲料，200 克（100 克泰乐菌素＋100 克磺胺二甲嘧啶），连用 5～7 天	15
	维吉尼亚霉素 virgininmycin	预混剂	混饲，每 1000 千克饲料，10～25 克	1

注：摘自 NY 5030—2001《无公害食品 生猪饲养兽药使用准则》

3. 无公害生猪生产禁用的兽药及其他化合物　见表 6-2。

表 6-2 无公害生猪生产禁用兽药及其他化合物

序号	兽药及其他化合物名称	禁止用途
1	β-兴奋剂类:克仑特罗 Clenbuterol、沙丁胺醇 Salbutamol、西马特罗 Cimaterol 及其盐、酯及制剂	所有用途
2	性激素类:己烯雌酚 Diethylstilbestrol 及其盐、酯及制剂	所有用途
3	具有雌激素样作用的物质:玉米赤霉醇 Zeranol、去甲雄三烯醇酮 Trenbolone、醋酸甲孕酮 Mengestrol Acetate 及制剂	所有用途
4	氯霉素 Chloramphenicol 及其盐、酯(包括琥珀氯霉素 Chloramphenicol Succinate)	所有用途
5	氨苯砜 Dapsone 及制剂	所有用途
6	硝基呋喃类:呋喃唑酮 Furazolidone、呋喃它酮 Furaltadone、呋喃苯烯酸钠 Nifurstyrenate sodium 及制剂	所有用途
7	硝基化合物:硝基酚钠 Sodium nitrophenolate、硝呋烯腙 Nitrovin 及制剂	所有用途
8	催眠、镇静类:安眠酮 Methaqualone 及制剂、	所有用途
9	各种汞制剂:氯化亚汞(甘汞)Calomel、硝酸亚汞 Mercurous nitrate、醋酸汞 Mercurous acetate、吡啶基醋酸汞 Pyridyl mercurous acetate	杀虫剂
10	性激素类:甲基睾丸酮 Methyltestosterone、丙酸睾酮 Testosterone Propionate、苯丙酸诺龙 Nandrolone Phenylpropionate、苯甲酸雌二醇 Estradiol Benzoate 及其盐、酯及制剂	促生长
11	催眠、镇静类:氯丙嗪 Chlorpromazine、地西泮(安定)Diazepam 及其盐、酯及制剂	促生长
12	硝基咪唑类:甲硝唑 Metronidazole、地美硝唑 Dimetronidazole 及其盐、酯及制剂	促生长

注:摘自农业部第 193 号公告

第七章　猪的产品标准化

产品标准化包括出栏生猪的数量、质量标准和上市猪肉的品质与卫生等方面的标准化。产品标准化的目的是为了使产品符合加工、食用的相关要求，同时最重要的是要保证产品对食用者的安全性，这是产品标准化的核心内容。

即使对生猪和猪肉产品制定更全面的质量标准，进行严格的检验，也并不能保证猪肉产品真正意义上的安全性。因此，生猪产品的标准化是基于生产过程的标准化管理而实现的。作为养猪生产者还要熟悉养猪生产中有关产品生产和出栏的相关要求，按照标准化生产程序进行生产，切实执行国家相关法律法规，以达到产品标准化的要求。

一、体形外貌标准与出栏体重要求

尽管生猪的体形外貌不会影响到畜产品的安全性，但体形外貌与生猪的产肉性能和肉质品质有着很强的相关性，另外，肉联企业以及向肉联提供生猪的收购商对出栏生猪也有着感官上的要求，如要求外观俊秀，气质生猛等。体重大小应符合加工要求。标准化生产的瘦肉型猪，出栏或收购生猪活体分级应按国家标准执行。

(一)单项分级

根据猪的体形外貌、品种类型、体重和活体膘厚划分一、二、三级。

1. 外形分级

(1)一级　头小、无明显腮肉,前后躯丰满,腹部小,体质结实、外形紧凑。

(2)二级　头较小,有腮肉,前后躯较丰满,腹部较小,肢蹄结实。

(3)三级　头较重,颈较粗、腮肉明显,后躯欠丰满,腹部较大,肢蹄欠结实。

2. 品种类型分级

(1)一级　国外引进的优良瘦肉型品种(或品系)及其杂种猪,我国培育的杂优猪;国外引进的优良瘦肉型品种(或品系)与我国培育的瘦肉型新品种(或品系)的二元或三元杂种猪。

(2)二级　瘦肉型品种(或品系)间的杂种猪;国外引进的瘦肉型品种(或品系)与兼用型品种(或品系)的二、三元杂种猪;培育的瘦肉型品种(或品系)的纯种猪;以地方品种(或品系)为母本,与国外引进的瘦肉型品种(或品系)为父本的三元杂交猪。

(3)三级　凡不符合一级和二级的瘦肉猪均属三级(不包含地方品种猪)。

3. 体重分级

(1)一级　体重在90～100千克。

(2)二级　体重在80～89千克或101～110千克。

(3)三级　体重在80千克以下或110千克以上。

4. 生活膘厚分级　在最后肋骨距中线40毫米处用探刺尺测定活体膘厚。

(1)一级　膘厚在18毫米以下。

(2)二级　膘厚在19～25毫米。

(3)三级　膘厚在 26 毫米以上。

(二)活体综合评定分级

活体综合评定分级时,将各项指标按其相应的重要性给予适当的加权,再将各单项等级打出分数(表 7-1),各单项指标所得分数与其加权系数之积的和即为综合评分。

表 7-1　活体综合评定分级

项目		外形	品种类型	体重	膘厚
加权系数		0.2	0.2	0.25	0.35
等级	一级	100	100	100	100
	二级	80	80	80～90	84～98
	三级	60	60	60～78	82 以上

1. 外形和品种类型的评定分级　一级 100 分,二级 80 分,三级 60 分。

2. 体重评定分级　90～100 千克的猪为 100 分,每减少或增加 1 千克,则评分扣 2 分,以此类推。

3. 膘厚评定分级　膘厚 18 毫米以下的猪为 100 分,每增加 1 毫米则扣 2 分,以此类推。

4. 综合评分　外形分×0.2＋品种类型分×0.2＋体重分×0.25＋膘厚分×0.35。凡综合评分在 90 分以上者为一级,80～90 分者为二级,在 79 分以下者为三级。

二、生产数量要求

生产数量尽管与产品质量和安全性没有直接关系。但作为商品生产来说,有规模和成批生产就显得十分必要。它要求猪场每次提供足够数量的商品猪，并且能有计划地组织成批生产。只有这样，肉联企业才能保证按生产计划进行生猪屠宰与加工，同时有利于降低屠宰测定和检疫成本。而小规模并且没有形成生产基地的养猪生产，则因为不能持续地组织足够数量的生猪，即使生猪质量再好，也往往优质不优价。"订单农业"是发达国家农业发展的成功经验，但在我国，中、小规模养殖场还占有相当大的比例，无计划生产是分散经营的中小型养殖场的致命弱点。要保证产品的有序生产和销售，必须以种猪生产企业为龙头，有效地进行标准化生产技术服务，组织中、小规模养殖场规范生产，建立生猪生产基地，并与肉联企业签订供应合同，确保生猪有计划地供应，保证养殖户稳定切实的经济效益。

三、生产质量和卫生安全保障体系

标准化生产必须有一套完整的行之有效的保障体系，才能确保生猪产品的质量和卫生安全。

(一)生产环境要求

生猪标准化产品应来自未受到生物和化学污染的猪场。因此，猪场必须建在地势高燥、排水良好、易于组织防疫的地方；猪场周围 3 000 米内无大型化工 1 000 米、采矿场、屠宰厂及其他畜牧场；距离交通干线（铁路、公路）、城镇、居民区 1 000米以上；猪场周围应有围墙和防疫沟，并建有绿化隔离带。环境大气质量应符合 GB 3095 标准的要求。饲养区不得饲养其他动物。实施"全进全出"饲养模式。严格执行生产区与生活区、行政区相隔离的原则。

猪场用水必须取自地下深井水，应进行水中铅、汞等重金属元素和微生物的检测，饮水质量应符合 NY 5027 的要求。

猪场应有粪尿处理设施，粪便经堆积发酵后用作农田肥料，猪场污水经发酵、沉淀后用作液体肥。确保猪场废弃物、污水不会影响到猪场内的生产和周围城镇居民的生活。

（二）引种要求

用于生猪生产的种猪应来自本场健康后备猪或防疫与疫病控制合格的种猪场，所有种猪必须是良种猪。

养猪生产中引种对生猪生产安全和畜产品安全来说有相当大的风险性，在引进种猪的同时，容易将一些难以控制的疫病带入猪场。因此，引种时，不得从疫区引进种猪及苗猪；需要引进种猪时应从有种猪经营许可证和年度检查合格的种猪场引进，并按 GB 16567 规定进行检疫。引进的种猪必须隔离观察 15～30 天，经兽医检查合格后方可供繁殖使用；只进行肥育的生产场，引进仔猪时，应从达到无公害标准的猪场引进。如果能坚持本场内培育优良种猪，自繁自养，尽量不引种或少引种，则能够有效地降低引入疫病的风险。

（三）防疫卫生要求

标准化生猪产品应来自防疫卫生合格的猪场。执行严格的防疫卫生措施是保证生猪健康和畜产品安全性的重要途径。因此，应制订科学合理的免疫程序并按有关规定进行免疫接种，免疫程度及免疫记录要完整；应制订疫病监测方案，接受有关动物防疫监督机构的疫病监测及监督检查。对口蹄疫、猪水泡病、猪瘟、猪丹毒、布氏杆菌病、旋毛虫病等进行严格监测，猪场一旦发生这类疾病应严格封场；若发现疫情应立即向当地动物防疫监督机构报告，接受兽医防疫机构指导，采取果断措施控制、扑灭疫情，病死猪按 GB 16548-1996 规定进行无害化处理；制定严格的灭鼠、灭蚊、灭蝇等工作计划和措施。

场内应制定严格的消毒制度和消毒程序，配备相应的消毒设施；要选择对人和猪安全、没有残留毒性、对设备没有破坏、不会在猪体内产生有害积累的消毒剂；同时应建立完整的消毒记录。

（四）药物残留控制

标准化生猪产品应严格控制药物使用，坚决禁止使用违禁药品。

我国近年来食品药物残留一直是百姓食品消费关注的焦点。国家鉴于我国饲料中兽药含量过高、兽药本身质量低劣和盲目大剂量滥用兽药、畜产品中药物残留超标问题，全国人大常委会、国务院等国家有关部门陆续颁布了《中华人民共和国动物防疫法》、《饲料和饲料添加剂管理条例》、《兽药管理条例》、《兽药典》、《兽药规范》、《兽药质量标准》、《兽用生物制品质量标准》、《进口兽药质量标准》和《饲料药物添加剂使用规范》等法律法规。农业部还颁布了《无公害食品—猪肉新标准》，对猪肉中药物残留量做出了严格的限制。其中，盐酸克伦特罗（瘦肉精）、氯霉素、己烯雌酚、沙门氏菌不得检出；抗生素中的青霉素、链霉素、金霉素、四环素、庆大霉素、磺胺类，农药中的六六六、滴滴涕、蝇毒磷、敌百虫、敌敌畏，微生物指标中的菌落总数和大肠菌群数都做出了不得超标的严格规定。

凡用于预防、诊断、治疗疾病的兽药，必须符合国家兽药质量的相关规定，所用兽药必须来自具有《兽药生产许可证》、产品批准文号的生产企业，或者具有《进口兽药许可证》的供应商。所用兽药的标签应符合《兽药管理条例》的规定，慎重使用经农业部批准的拟肾上腺素药、平喘药、抗（拟）胆碱药、肾上腺皮质激素类药和解热镇痛药。禁止使用麻醉药、镇痛药、中枢兴奋药、化学保定药、骨骼肌松弛药及未经国家畜牧兽医行政管理部门批准的用基因工程方法生产的兽药和未经农业部批准或已经淘汰的兽药。

生猪生产中应严格按照 NY 5030-2001 有关规定合理使用兽药。出栏前 2 周内用过药的生猪须转入专门治疗圈，不准随同出栏，且停药 14 天后才可宰杀。猪场必须做好兽药购进及使用登记工作。

（五）饲料及饲料添加剂使用要求

使用的饲料原料和饲料产品须来源于无疫病地区，无霉烂变质，未受农药或某些病原体污染；饲料原料、预混料、饲料添加剂、全价饲料必须定点供应，产品成分清楚；严禁使用影响生殖的激素、具有激素作用的物质、催眠镇静药、肾上腺素类药（如克伦特罗）等；饲养场添加药物的饲料和未添加药物的饲料要有明显的标志，并做好饲料更换记录，出栏前严格按休药期规定换喂未添加药物的饲料；使用自配料的应建立详细的饲料生产记录。

四、国家无公害猪肉质量标准

无公害猪肉是指经定点屠宰，检疫检验合格，符合猪肉卫生标准，所含有毒有害物质不超过最高限量的鲜猪肉、冻猪肉和可食性猪内脏。

(一)无公害猪肉屠宰加工要求

生产无公害猪肉的生猪屠宰必须按照《中华人民共和国动物防疫法》和《生猪屠宰管理条例》的要求,实行定点屠宰、集中检疫。屠宰条件必须符合 GB/T17237 的要求,生猪屠宰加工的操作执行 GB/T17236 的规定。

(二)无公害猪肉质量卫生要求

1. 感官要求 符合 GB2707 的有关规定。

2. 检疫要求 产地检疫、出县境检疫和屠宰检疫均必须合格。

3. 肉品检验 肉品检验必须合格。

4. 理化指标 挥发性盐基氮不大于 200 毫克/千克。

5. 兽药残留要求 符合农业部发布《动物性食品中兽药最高残留限量》的规定。

6. 其他毒有害物质 表 7-2 中规定了无公害猪肉中有害物质的最高限量。

表 7-2 无公害猪肉有害物质残留量最高限量

序号	1	2	3	4	5	6	7	8
项目	砷(As)	汞(Hg)	铅(Pb)	铬(Cr)	镉(Cd)	氟(F)	挥发性盐基氮	β兴奋剂
最高限度(毫克/千克)	0.5	0.05	0.5	1.0	0.1	2.0	200	不得检出

(三)检疫和标识

1. 防疫

(1)产地检疫和运输检疫 进入屠宰场前,本地生猪要严格按照 GB16549 的规定进行产地检疫，检疫合格后，方准进入屠宰场；外地生猪凭《出县动物检疫合格证明》进行屠宰场屠宰。

(2) 屠宰检验　无公害猪肉的品质检验按照 GB/T17236-1998 的规定。

2. 标识　无公害猪肉必须加盖《中华人民共和国动物防疫法》规定的检疫验讫印章、《生猪屠宰管理条例》规定的肉品品质检验合格验讫印章和无公害猪肉标志。

五、标准化产品的品牌战略

品牌是一种名称、标记、符号或设计，或是它们的组合运用。其目的是借以辨认某个销售者、或某群销售者的产品及服务，并使之与竞争对手的产品和服务区别开来。

长期以来，我国养殖业还受着传统农业观念的束缚，没有品牌意识。但随着商品经济的发展，消费者越来越看重产品的品牌，它在某种程度上代表着产品的质量和信用，代表着产品的安全性。在生猪生产和猪肉生产过程中，即使完全按照标准化生产的产品，但如果没有品牌、没有标识，对仅凭感官判断的消费者来说，并不能与一般产品、甚至与不合格产品加以区分。因此，合理的产品标识应该作为产品标准化的内容之一。标准化养殖企业和肉联企业应着力打造自己的品牌，让消费者通过品牌标识，认识其产品的来源、质量和信誉。生猪生产企业应通过打耳标或耳刺标明生产场家和产品品牌；生产基地应通过监管部门对生产过程进行全方位监控，并根据相关要求对养殖户生产过程是否遵守防疫条例和药品使用规定进行鉴定，从而做出市场准入认定，然后对所生产生猪进行标识(如耳标)。有条件的大型养殖龙头企业为保护自身产品的信誉,防止冒牌,应制作防伪标牌。肉联企业则应按照国家有关规定,进行规范的包装和防伪标识。